松燁文化

曹永

U0091843

Arduino程式教學
(入門篇)

Arduino Programming (Basic Skills & Tricks)

自序

記得自己在大學資訊工程系修習電子電路實驗的時候,自己對於設計與製作電路板是一點興趣也沒有,然後又沒有天分,所以那是苦不堪言的一堂課,還好當年有我同組的好同學,努力的照顧我,命令我做這做那,我不會的他就自己做,如此讓我解決了資訊工程學系課程中,我最不擅長的課。

當時資訊工程學系對於設計電子電路課程,大多數都是專攻軟體的學生去修習時,系上的用意應該是要大家軟硬兼修,尤其是在台灣這個大部分是硬體為主的產業環境,但是對於一個軟體設計,但是缺乏硬體專業訓練,或是對於眾多機械機構與機電整合原理不太有概念的人,在理解現代的許多機電整合設計時,學習上都會有很多的困擾與障礙,因為專精於軟體設計的人,不一定能很容易就懂機電控制設計與機電整合。懂得機電控制的人,也不一定知道軟體該如何運作,不同的機電控制或是軟體開發常常都會有不同的解決方法。

除非您很有各方面的天賦,或是在學校巧遇名師教導,否則通常不太容易能在機電控制與機電整合這方面自我學習,進而成為專業人員。

而自從有了 Arduino 這個平台後,上述的困擾就大部分迎刃而解了,因為 Arduino 這個平台讓你可以以不變應萬變,用一致性的平台,來做很多機電控制、機電整合學習,進而將軟體開發整合到機構設計之中,在這個機械、電子、電機、資訊、工程等整合領域,不失為一個很大的福音,尤其在創意掛帥的年代,能夠自己創新想法,從 Original Idea 到產品開發與整合能夠自己獨立完整設計出來,自己就能夠更容易完全了解與掌握核心技術與產業技術,整個開發過程必定可以提供思維上與實務上更多的收穫。

Arduino 平台引進台灣自今,雖然越來越多的書籍出版,但是從設計、開發、製作出一個完整產品並解析產品設計思維,這樣產品開發的書籍仍然鮮見,尤其是能夠從頭到尾,利用範例與理論解釋並重,完完整整的解說如何用 Arduino 設計出一個完整產品，介紹開發過程中，機電控制與軟體整合相關技術與範例，如此的書籍更是付之闕如。永忠、英德兄與敝人計畫撰寫 Maker 系列，就是基於這樣對市場需要的觀察，開發出這樣的書籍。

　　作者出版了許多的 Arduino 系列的書籍，深深覺的，基礎乃是最根本的實力，所以回到最基礎的地方，希望透過最基本的程式設計教學，來提供眾多的 Makers 在入門 Arduino 時，如何開始，如何攥寫自己的程式，主要的目的是希望學子可以學到程式設計的基礎觀念與基礎能力。作者們的巧思，希望讀者可以了解與學習到作者寫書的初衷。

　　　　　　　　　　　　　　許智誠　　於中壢雙連坡中央大學 管理學院

自序

　　隨著資通技術(ICT)的進步與普及，取得資料不僅方便快速，傳播資訊的管道也多樣化與便利。然而，在網路搜尋到的資料卻越來越巨量，如何將在眾多的資料之中篩選出正確的資訊，進而萃取出您要的知識？如何獲得同時具廣度與深度的知識？如何一次就獲得最正確的知識？相信這些都是大家共同思考的問題。

　　為了解決這些困惱大家的問題，永忠、智誠兄與敝人計畫製作一系列「Maker系列」書籍來傳遞兼具廣度與深度的軟體開發知識，希望讀者能利用這些書籍迅速掌握正確知識。首先規劃「以一個 Maker 的觀點，找尋所有可用資源並整合相關技術，透過創意與逆向工程的技法進行設計與開發」的系列書籍，運用現有的產品或零件，透過駭入產品的逆向工程的手法，拆解後並重製其控制核心，並使用 Arduino 相關技術進行產品設計與開發等過程，讓電子、機械、電機、控制、軟體、工程進行跨領域的整合。

　　近年來 Arduino 異軍突起，在許多大學，甚至高中職、國中，甚至許多出社會的工程達人，都以 Arduino 為單晶片控制裝置，整合許多感測器、馬達、動力機構、手機、平板...等，開發出許多具創意的互動產品與數位藝術。由於 Arduino 的簡單、易用、價格合理、資源眾多，許多大專院校及社團都推出相關課程與研習機會來學習與推廣。

　　以往介紹 ICT 技術的書籍大部份以理論開始、為了深化開發與專業技術，往往忘記這些產品產品開發背後所需要的背景、動機、需求、環境因素等，讓讀者在學習之間，不容易了解當初開發這些產品的原始創意與想法，基於這樣的原因，一般人學起來特別感到吃力與迷惘。

　　本書為了讀者能夠深入了解產品開發的背景，本系列整合 Maker 自造者的觀念與創意發想，深入產品技術核心，進而開發產品，只要讀者跟著本書一步一步研習與實作，在完成之際，回頭思考，就很容易了解開發產品的整體思維。透過這樣的思路，讀者就可以輕易地轉移學習經驗至其他相關的產品實作上。

所以本書是能夠自修的書，讀完後不僅能依據書本的實作說明準備材料來製作，盡情享受DIY(Do It Yourself)的樂趣，還能了解其原理並推展至其他應用。有興趣的讀者可再利用書後的參考文獻繼續研讀相關資料。

　　本書的發行有新的創舉，就是以電子書型式發行，在國家圖書館、國立公共資訊圖書館與許多電子書網路商城、Google Books與Google Play都可以下載與閱讀。希望讀者能珍惜機會閱讀及學習，繼續將知識與資訊傳播出去，讓有興趣的眾人都受益。希望這個拋磚引玉的舉動能讓更多人響應與跟進，一起共襄盛舉。

　　本書可能還有不盡完美之處，非常歡迎您的指教與建議。近期還將推出其他Arduino相關應用與實作的書籍，敬請期待。

　　最後，請您立刻行動翻書閱讀。

　　　　　　　　　　　　　　　　　蔡英德 於台中沙鹿靜宜大學主顧樓

目　錄

圖目錄

表目錄

Maker 系列

在克里斯・安德森（Chris Anderson）所著『自造者時代：啟動人人製造的第三次工業革命』提到，過去幾年，世界來到了一個重要里程碑：實體製造的過程愈來愈像軟體設計，開放原始碼創造了軟體大量散佈與廣泛使用，如今，實體物品上也逐漸發生同樣的效應。網路社群中的程式設計師從 Linux 作業系統出發，架設了今日世界上絕大部分的網站(Apache WebServer)，到使用端廣受歡迎的 FireFox 瀏覽器等，都是開放原始碼軟體的最佳案例。

現在自造者社群(Maker Space)也正藉由開放原始碼硬體，製造出電子產品、科學儀器、建築物，甚至是 3C 產品。其中如 Arduino 開發板，銷售量已遠超過當初設計者的預估。連網路巨擘 Google Inc.也加入這場開放原始碼運動，推出開放原始碼電子零件，讓大家發明出來的硬體成品，也能與 Android 軟體連結、開發與應用。

目前全球各地目前有成千上萬個「自造空間」（makerspace）—光是上海就有上百個正在籌備中，多自造空間都是由在地社群所創辦。如聖馬特奧市（SanMateo）的自造者博覽會（Maker Faire），每年吸引數 10 萬名自造者前來朝聖，彼此觀摩學習。但不光是美國，全球各地還有許多自造者博覽會，台灣一年一度也於當地舉辦 Maker Fair Taiwan，數十萬的自造者(Maker)參予了每年一度的盛會。

世界知名的歐萊禮（O'Reilly）公司，也於 2005 年發行的《Make》雜誌，專門出版自造者相關資訊，Autodesk, Inc.主導的 Instructables- DIY How To Make Instructions(http://www.instructables.com/)，也集合了全球自造者分享的心得與經驗，舉凡食物、玩具、到 3C 產品的自製經驗，也分享於網站上，成為全球自造者最大、也最豐富的網站。

本系列『Maker 系列』由此概念而生。面對越來越多的知識學子，也希望成為自造者(Make)，追求創意與最新的技術潮流，筆著因應世界潮流與趨勢，思考著『如何透過逆向工程的技術與手法，將現有產品開發技術轉換為我的知識』的思維，如果我們可以駭入產品結構與設計思維，那麼了解產品的機構運作原理與方法就不是一件難事了。更進一步我們可以將原有產品改造、升級、創新，並可以將學習到的技術運用其他技術或新技術領域，透過這樣學習思維與方法，可以更快速的掌握研發與製造的核心技術，相信這樣的學習方式，會比起在已建構好的開發模組或學習套件中學習某個新技術或原理，來的更踏實的多。

本系列的書籍，因應自造者運動的世界潮流，希望讀者當一位自造者，將現有產品的產品透過逆向工程的手法，進而了解核心控制系統之軟硬體，再透過簡單易學的 Arduino 單晶片與 C 語言，重新開發出原有產品，進而改進、加強、創新其原有產品的架構。如此一來，因為學子們進行『重新開發產品』過程之中，可以很有把握的了解自己正在進行什麼，對於學習過程之中，透過實務需求導引著開發過程，可以讓學子們讓實務產出與邏輯化思考產生關連，如此可以一掃過去陰霾，更踏實的進行學習。

作者出版了許多的 Arduino 系列的書籍，深深覺的，基礎乃是最根本的實力，所以回到最基礎的地方，希望透過最基本的程式設計教學，來提供眾多的 Makers 在入門 Arduino 時，如何開始，如何撰寫自己的程式，主要的目的是希望學子可以學到程式設計的基礎觀念與基礎能力。作者們的巧思，希望讀者可以了解與學習到作者寫書的初衷。

1

CHAPTER

Arduino 簡介

Massimo Banzi 之前是義大利 Ivrea 一家高科技設計學校的老師，他的學生們經常抱怨找不到便宜好用的微處理機控制器，西元 2005 年，Massimo Banzi 跟 David Cuartielles 討論了這個問題，David Cuartielles 是一個西班牙籍晶片工程師，當時是這所學校的訪問學者。兩人討論之後，決定自己設計電路板，並引入了 Banzi 的學生 David Mellis 為電路板設計開發用的語言。兩天以後，David Mellis 就寫出了程式碼。又過了幾天，電路板就完工了。於是他們將這塊電路板命名為『Arduino』。

當初 Arduino 設計的觀點，就是希望針對『不懂電腦語言的族群』，也能用 Arduino 做出很酷的東西，例如：對感測器作出回應、閃爍燈光、控制馬達…等等。

隨後 Banzi，Cuartielles，和 Mellis 把設計圖放到了網際網路上。他們保持設計的開放源碼(Open Source)理念，因為版權法可以監管開放原始碼軟體，卻很難用在硬體上，他們決定採用創用 CC 許可(Creative_Commons, 2013)。

創用 CC(Creative_Commons, 2013)是為保護開放版權行為而出現的類似 GPL[1]的一種許可（license），來自於自由軟體[2]基金會 (Free Software Foundation) 的 GNU 通用公共授權條款 (GNU GPL)：在創用 CC 許可下，任何人都被允許生產電路板的複製品，且還能重新設計，甚至銷售原設計的複製品。你還不需要付版稅，甚至不用取得 Arduino 團隊的許可。

然而，如果你重新散佈了引用設計，你必須在其產品中註解說明原始 Arduino 團隊的貢獻。如果你調整或改動了電路板，你的最新設計必須使用相同或類似的創用 CC 許可，以保證新版本的 Arduino 電路板也會一樣的自由和開放。

---

[1] GNU 通用公眾授權條款（英語：GNU General Public License，簡稱 GNU GPL 或 GPL），是一個廣泛被使用的自由軟體授權條款，最初由理察·斯托曼為 GNU 計劃而撰寫。

[2] 「自由軟體」指尊重使用者及社群自由的軟體。簡單來說使用者可以自由運行、複製、發佈、學習、修改及改良軟體。他們有操控軟體用途的權利。

唯一被保留的只有 Arduino 這個名字：『 Arduino 』已被註冊成了商標[3]『Arduino®』。如果有人想用這個名字賣電路板，那他們可能必須付一點商標費用給 『Arduino®』 (Arduino, 2013)的核心開發團隊成員。

『Arduino®』的核心開發團隊成員包括：Massimo Banzi，David Cuartielles，Tom Igoe，Gianluca Martino，David Mellis 和 Nicholas Zambetti。(Arduino, 2013)，若讀者有任何不懂 Arduino 的地方，都可以訪問 Arduino 官方網站：http://www.arduino.cc/

『Arduino®』，是一個開放原始碼的單晶片控制器，它使用了 Atmel AVR 單晶片 (Atmel_Corporation, 2013)，採用了基於開放原始碼的軟硬體平台，構建於開放原始碼 Simple I/O 介面版，並且具有使用類似 Java，C 語言的 Processing[4]/Wiring 開發環境(B. F. a. C. Reas, 2013; C. Reas & Fry, 2007, 2010)。Processing 由 MIT 媒體實驗室美學與計算小組(Aesthetics & Computation Group)的 Ben Fry(http://benfry.com/)和 Casey Reas 發明，Processing 已經有許多的 Open Source 的社群所提倡，對資訊科技的發展是一個非常大的貢獻。

讓您可以快速使用 Arduino 語言作出互動作品，Arduino 可以使用開發完成的電子元件：例如 Switch、感測器、其他控制器件、LED、步進馬達、其他輸出裝置…等。Arduino 開發 IDE 介面基於開放原始碼，可以讓您免費下載使用，開發出更多令人驚豔的互動作品(Banzi, 2009) 。

---

[3] 商標註冊人享有商標的專用權，也有權許可他人使用商標以獲取報酬。各國對商標權的保護期限長短不一，但期滿之後，只要另外繳付費用，即可對商標予以續展，次數不限。

[4] Processing 是一個Open Source 的程式語言及開發環境，提供給那些想要對影像、動畫、聲音進行程式處理的工作者。此外，學生、藝術家、設計師、建築師、研究員以及有興趣的人，也可以用來學習，開發原型及製作

什麼是 Arduino

- Arduino 是基於開放原碼精神的一個開放硬體平臺，其語言和開發環境都很簡單。讓您可以使用它快速做出有趣的東西。

- 它是一個能夠用來感應和控制現實物理世界的一套工具，也提供一套設計程式的 IDE 開發環境，並可以免費下載

- Arduino 可以用來開發互動產品，比如它可以讀取大量的開關和感測器信號，並且可以控制各式各樣的電燈、電機和其他物理設備。也可以在運行時和你電腦中運行的程式（例如：Flash，Processing，MaxMSP）進行通訊。

Arduino 特色

- 開放原始碼的電路圖設計，程式開發介面

- http://www.arduino.cc/免費下載，也可依需求自己修改!!

- Arduino 可使用 ISCP 線上燒入器，自我將新的 IC 晶片燒入「bootloader」(http://arduino.cc/en/Hacking/Bootloader?from=Main.Bootloader) 。

- 可依據官方電路圖(http://www.arduino.cc/)，簡化 Arduino 模組，完成獨立運作的微處理機控制模組

- 感測器可簡單連接各式各樣的電子元件 (紅外線,超音波,熱敏電阻,光敏電阻,伺服馬達,…等)

- 支援多樣的互動程式程式開發工具

- 使用低價格的微處理控制器(ATMEGA8-16)

- USB 介面，不需外接電源。另外有提供 9VDC 輸入

- 應用方面，利用 Arduino，突破以往只能使用滑鼠，鍵盤，CCD 等輸入的裝置的互動內容，可以更簡單地達成單人或多人遊戲互動

Arduino 硬體-Duemilanove

　　Arduino Duemilanove 使用 AVR Mega168 為微處理晶片，是一件功能完備的單晶片開發板，Duemilanove 特色為：(a).開放原始碼的電路圖設計，(b).程序開發免費下載，(c).提供原始碼可提供使用者修改，(d).使用低價格的微處理控制器(ATmega168)，(e).採用 USB 供電，不需外接電源，(f).可以使用外部 9VDC 輸入，(g).支持 ISP 直接線上燒錄，(h).可使用 bootloader 燒入 ATmega8 或 ATmega168 單晶片。

系統規格

- 主要溝通介面:USB
- 核心: ATMEGA328
- 自動判斷並選擇供電方式（USB/外部供電）
- 控制器核心：ATmega328
- 控制電壓：5V
- 建議輸入電(recommended)：7-12 V
- 最大輸入電壓 (limits)：6-20 V
- 數位 I/O Pins：14 (of which 6 provide PWM output)
- 類比輸入 Pins：6 組
- DC Current per I/O Pin：40 mA
- DC Current for 3.3V Pin：50 mA
- Flash Memory：32 KB (of which 2 KB used by bootloader)
- SRAM：2 KB
- EEPROM：1 KB
- Clock Speed：16 MHz

　　具有 bootloader[5]能夠燒入程式而不需經過其他外部電路。此版本設計了『自動回復保險絲[6]』，在 Arduino 開發板搭載太多的設備或電路短路時能有效保護 Arduino 開發板的 USB 通訊埠，同時也保護了您的電腦，並且故障排除後能自動恢復正常。

---

[5] 啟動程式（boot loader）位於電腦或其他計算機應用上，是指引導操作系統啟動的程式。

[6]自恢復保險絲是一種過流電子保護元件，採用高分子有機聚合物在高壓、高溫，硫化反應的條件

圖 1 Arduino Duemilanove 開發板外觀圖

Arduino 硬體-UNO

UNO 的處理器核心是 ATmega328，使用 ATMega 8U2 來當作 USB-對序列通訊，並多了一組 ICSP 給 MEGA8U2 使用：未來使用者可以自行撰寫內部的程式~ 也因為捨棄 FTDI USB 晶片~ Arduino 開發板需要多一顆穩壓 IC 來提供 3.3V 的電源。

Arduino UNO 是 Arduino USB 介面系列的最新版本，作為 Arduino 平臺的參考標準範本： 同時具有 14 路數位輸入/輸出口（其中 6 路可作為 PWM 輸出），6 路模擬輸入， 一個 16MHz 晶體振盪器，一個 USB 口，一個電源插座，一個 ICSP header 和一個重定按鈕。

UNO 目前已經發佈到第三版，與前兩版相比有以下新的特點： (a).在 AREF 處增加了兩個管腳 SDA 和 SCL，(b).支援 I2C 介面，(c).增加 IOREF 和一個預留管腳，將來擴展板將能相容 5V 和 3.3V 核心板，(d).改進了 Reset 重置的電路設計，(e).USB 介面晶片由 ATmega16U2 替代了 ATmega8U2。

系統規格

下，攙加導電粒子材料後，經過特殊的生產方法製造而成。Ps. PPTC(PolyerPositiveTemperature Coefficent)也叫自恢復保險絲。嚴格意義講：PPTC 不是自恢復保險絲，ResettableFuse 才是自恢復保險絲。

- 控制器核心：ATmega328
- 控制電壓：5V
- 建議輸入電(recommended)：7-12 V
- 最大輸入電壓 (limits)：6-20 V
- 數位 I/O Pins：14 (of which 6 provide PWM output)
- 類比輸入 Pins：6 組
- DC Current per I/O Pin：40 mA
- DC Current for 3.3V Pin：50 mA
- Flash Memory：32 KB (of which 0.5 KB used by bootloader)
- SRAM：2 KB
- EEPROM：1 KB
- Clock Speed：16 MHz

Microcontroller	ATmega328
Operating Voltage	5V
Input Voltage (recommended)	7-12V
Input Voltage (limits)	6-20V
Digital I/O Pins	14 (of which 6 provide PWM output)
Analog Input Pins	6
DC Current per I/O Pin	40 mA
DC Current for 3.3V Pin	50 mA
Flash Memory	32 KB (ATmega328) of which 0.5 KB used by bootloader
SRAM	2 KB (ATmega328)
EEPROM	1 KB (ATmega328)
Clock Speed	16 MHz

圖 2 Arduino UNO 開發板外觀圖

圖 3 Arduino UNO 核心晶片 Atmega328P 架構圖

Arduino 硬體-Mega 2560

可以說是 Arduino 巨大版： Arduino Mega2560 REV3 是 Arduino 官方最新推出的 MEGA 版本。功能與 MEGA1280 幾乎是一模一樣，主要的不同在於 Flash 容量從 128KB 提升到 256KB，比原來的 Atmega1280 大。

Arduino Mega2560 是一塊以 ATmega2560 為核心的微控制器開發板，本身具有 54 組數位 I/O input/output 端（其中 14 組可做 PWM 輸出），16 組模擬比輸入端，4 組 UART（hardware serial ports），使用 16 MHz crystal oscillator。由於具有 bootloader，因此能夠通過 USB 直接下載程式而不需經過其他外部燒入器。供電部份可選擇由 USB 直接提供電源，或者使用 AC-to-DC adapter 及電池作為外部供電。

由於開放原代碼，以及使用 Java 概念（跨平臺）的 C 語言開發環境，讓 Arduino 的周邊模組以及應用迅速的成長。而吸引 Artist 使用 Arduino 的主要原因是可以快速使用 Arduino 語言與 Flash 或 Processing…等軟體通訊，作出多媒體互動作品。Arduino 開發 IDE 介面基於開放原代碼原則，可以讓您免費下載使用於專題製作、學校教學、電機控制、互動作品等等。

電源設計

Arduino Mega2560 的供電系統有兩種選擇，USB 直接供電或外部供電。電源供應的選擇將會自動切換。外部供電可選擇 AC-to-DC adapter 或者電池，此控制板的極限電壓範圍為 6V~12V，但倘若提供的電壓小於 6V，I/O 口有可能無法提供到 5V 的電壓，因此會出現不穩定；倘若提供的電壓大於 12V，穩壓裝置則會有可能發生過熱保護，更有可能損壞 Arduino MEGA2560。因此建議的操作供電為 6.5~12V，推薦電源為 7.5V 或 9V。

系統規格

- 控制器核心：ATmega2560
- 控制電壓：5V
- 建議輸入電(recommended)：7-12 V
- 最大輸入電壓 (limits)：6-20 V
- 數位 I/O Pins：54 (of which 14 provide PWM output)
- UART:4 組
- 類比輸入 Pins：16 組
- DC Current per I/O Pin：40 mA
- DC Current for 3.3V Pin：50 mA
- Flash Memory：256 KB of which 8 KB used by bootloader
- SRAM：8 KB
- EEPROM：4 KB
- Clock Speed：16 MHz

圖 4 Arduino Mega2560 開發板外觀圖

Arduino 硬體- Arduino Pro Mini 控制器

可以說是 Arduino 小型版： Pro Mini 使用 ATMEGA328，與 Arduino Duemilanove 一樣為 5V 並使用 16MHz bootloader，因此在使用 Arduino IDE 時必須選擇 "ArduinoDuemilanove 。

Arduino Pro Mini 控制器為模組大廠 Sparkfun(https://www.sparkfun.com/)依據 Arduino 概念所推出的控制器。藍底 PCB 板以及 0.8mm 的厚度，完全使用 SMD 元件，讓人看一眼就想馬上知道它有何強大功能。

而 Arduino Pro Mini 與 Arduino Mini 的差異在於，Pro Mini 提供自動 RESET，使用連接器時只要接上 DTR 腳位與 GRN 腳位，即具備 Autoreset 功能。 而 Pro Mini 與 Duemilanove 的差異點在於 Pro Mini 本身不具備與電腦端相連的轉接器，例如 USB 介面或者 RS232 介面，本身只提供 TTL 準位的 TX、RX 訊號輸出。這樣的設計較不適合初學者，初學者的入門 建議還是使用 Arduino Duemilanove。

對於熟悉 Arduino 的使用者，可以利用 Pro Mini 為你節省不少成本與體積，你只需準備一組習慣使用的轉接器，如 UsbtoTTL 轉接器_5V，就可重複使用。

系統規格

- 不包含 USB 連接器以及 USB 轉 TTL 訊號晶片
- 支援 Auto-reset
- ATMEGA328 使用電壓 5V / 頻率 16MHz (external resonator _0.5% tolerance)

- 具 5V 穩壓裝置
- 最大電流 150mA
- 具過電流保護裝置
- 容忍電壓：5-12V
- 內嵌 電源 LED 與狀態 LED
- 尺寸：0.7x1.3" (18x33mm)
- 重量：1.8g
- Arduino 所有特色皆可使用：

圖 5 Arduino Pro Mini 控制器開發板外觀圖

Arduino 硬體- Arduino ATtiny85 控制器

可以說是 Arduino 超微版： Arduino ATtiny85 是 Atmel Corporation 宣布其低功耗的 ATtiny 10/20/40 微控制器 (MCU) 系列，針對按鍵、滑塊和滑輪等觸控感應應用予以優化。這些元件包括了 AVR MCU 及其專利的低功耗 picoPower 技術，是對成本敏感的工業和消費電子市場上多種應用，如汽車控制板、LCD 電視和顯示器、筆記本電腦、手機等的理想選擇。

ATtiny MCU 系列介紹

Atmel Corporation 設計的 ATtiny 新型單晶片有 AVR 微處理機大部份的功能，以包括 1KB 至 4KB 的 Flash Memory，帶有 32 KB 至 256 KB 的 SRAM。

此外，這些元件支持 SPI 和 TWI (具備 I2C-兼容性) 通信，提供最高靈活性和 1.8V 至 5.5V 的工作電壓。ATtinyAVR 使用 Atmel Corporation 獨有專利的 picoPower 技術，耗電極低。通過軟件控制系統時鐘頻率，取得系統性能與耗電之間的最佳平衡，同時也得到了廣泛應用。

系統規格

- 採用 ATMEL TINY85 晶片
- 支持 Arduino IDE 1.0+
- USB 供電, 或 7~35V 外部供電
- 共 6 個 I/O 可以用

ATTiny25/45/85/13

D5(A0)/RESET/ADC0/PB5	1	8	VCC
D3(A3)/XTAL1/ADC3/PB3*	2	7	PB2/SCL/SCK/D2(A1)
D4(A2)/XTAL2/ADC2/PB4*	3	6	PB1*/MISO/D1
GND	4	5	PB0*/MOSI/SDA/AREF/D0

NOTES:
- Arduino pins for ATtinyX313/X5/X4 are from the arduino-tiny project
- PWM pins are marked with (*)

*ATTiny13 has PWM only on PB0 and PB1
* No AREF on ATtiny13
* PB3 and PB4 share the same timer

圖 6 Arduino ATtiny85 控制器外觀圖

Arduino 硬體- Arduino LilyPad 控制器

可以說是 Arduino 微小版：Arduino LilyPad 為可穿戴的電子紡織科技由 Leah Buechley 開發及 Leah 及 SparkFun 設計。每一個 LilyPad 設計都有很大的連接點可以縫在衣服上。多種的輸出，輸入，電源，及感測板可以通用，而且還可以水洗。

Arduino LilyPads 主機板的設計包含 ATmega328P(bootloader) 及最低限度的外部元件來維持其簡單小巧特性，可以利用 2-5V 的電壓。 還有加上重置按鈕可以更容易的編寫程式，Arduino LilyPad 這是一款真正有藝術氣質的產品，很漂亮的造型，當初設計時主要目的就是讓從事服裝設計之類工作的設計師和造型設計師,它可以使用導電線或普通線縫在衣服或布料上, Arduino LilyPad 每個接腳上的小洞大到足夠縫紉針輕鬆穿過。如果用導電線縫紉的話,既可以起到固定的 作用,又可以起到傳導的作用。比起普通的 Arduino 版子相比,Arduino LilyPad 相對比較脆弱,比較容易損壞,但它的功能基本都保留了下來, Arduino LilyPad 版子它沒有 USB 介面,所以 Arduino LilyPad 連接電腦或燒寫程式時同 Arduino mini 一樣需要一個 USB 或 RS232 轉換成 TTL 的轉接口。

系統規格

- 微控制器:ATmega328V
- 工作電壓:2.7-5.5V
- 輸入電壓:2.7-5.5V
- 數位 I / O 接腳:14(其中 6 提供 PWM 輸出)
- 類比輸入接腳:6
- 每個 I / O 引腳的直流電流:40mA
- 快閃記憶體:16 KB(其中 2 KB 使用引導程序)
- SRAM:1 KB
- EEPROM:512k
- 時鐘速度:8 MHz

圖 7 Arduino LilyPad 控制器外觀圖

Arduino 硬體- Arduino Esplora 控制器

Arduino Esplora 可是為 Arduino 針對 PC 端介面所整合出來的產品。本身以 Leonardo 為主要架構，周邊加上各類型感測器如：聲音、光線、雙軸 PS2 搖桿、按鈕..等，相當適合與 PC 端結合的快速開發。

圖 8 Arduino Esplora 控制器

如**錯誤! 找不到參照來源。**所示，Arduino Esplora 可是為 Arduino 針對 PC 端
介面所整合出來的產品，其控制器上包含下列組件：

- 雙軸類比搖桿+按壓開關

- 4 組按鈕開關，以搖桿按鈕的排序呈現

- 線性滑動電阻

- 麥克風聲音感測器

- 光線感測器

- 溫度感測器

- 三軸加速度計

- 蜂鳴器

- RGB LED 燈

- 2 組類比式感測器 輸入擴充腳位

- 2 組數位式輸出擴充腳位

- TFT 顯示螢幕插槽(不含 TFT 螢幕)，可搭配 TFT 螢幕模組使用

- SD 卡擴充插槽(不含 SD 卡相關電路，得透過 TFT 螢幕模組使用)

系統規格

- 核心晶片 - ATmega32U4
- 操作電壓 - 5V
- 輸入電壓 - USB 供電 +5V
- 數位腳位 I/O Pins - 僅存 2 組輸入、2 組輸出可外部擴充
- 類比腳位 - 僅存 2 組輸入可外部擴充
- Flash Memory - 32 KB
- SRAM - 2.5 KB
- EEPROM - 1 KB
- 振盪器頻率 - 16 MHz

圖 9 Arduino Esplora 套件組外觀圖

Arduino 硬體- Appsduino UNO 控制板

Appsduino UNO 控制板是台灣艾思迪諾股份有限公司[7]發展出來的產品，主要是為了簡化 Arduino UNO 與其它常用的周邊、感測器發展出來的產品，本身完全相容於 Arduino UNO 開發版。

系統規格

- 控制器核心：ATmega328
- 控制電壓：5V
- 建議輸入電(recommended)：7-12 V
- 最大輸入電壓 (limits)：6-20 V
- 數位 I/O Pins：14 (of which 6 provide PWM output)
- 類比輸入 Pins：6 組
- DC Current per I/O Pin：40 mA
- DC Current for 3.3V Pin：50 mA
- Flash Memory：32 KB (of which 0.5 KB used by bootloader)
- SRAM：2 KB
- EEPROM：1 KB
- Clock Speed：16 MHz

擴充規格

- Buzzer：連接至 D8(Jumper)，可以產生 melody 及警示告知，出廠時 Jumper 預設短路，若欲使用 D8，請將 Jumper 開路或拔除。
- 電池電量檢測：當 Jumper 短路時，會將 Vin 的 1/2 分壓連接至 A0，因此即可利用 Analog IO A0 監測電池的電壓，所量之電壓值為 1/2 Vin，即真正的電壓值為 A0 讀取的數值/1023 * 5V * 2，因此最高可量測 10V 的電壓 (1023/1023 * 5V * 2)

---

[7] 艾思迪諾股份有限公司,統一編號：54112896,地址:臺中市北屯區平德里北平路三段 66 號 6 樓之 6

圖 10 Appsduino UNO 控制板

Arduino 硬體- Appsduino Shield V2.0 擴充板

Appsduino Shield V2.0 擴充板是台灣艾思迪諾股份有限公司發展出來的產品，主要是為了簡化 Arduino UNO 與麵包板、藍芽裝置、LCD1602...等其它常用的周邊發展出來的產品，本身完全相容於 Arduino UNO 開發版。

Appsduino Shield V2.0 擴充板增加一些常用元件，利用杜邦線連至適當的 IO Pins，便可輕鬆學習許多的實驗，詳述如下：

- 藍牙接口：將藍牙模組 6 Pin 排針插入接口(元件面向內，如右圖)，即可與手機或平板通訊，進而連上 Internet，開創網路相關應用

- 綠、紅、藍 Led：綠色(Green) Led 已連接至 D13，可直接使用，紅、藍 Led 可透過 J17 的兩個排針，用杜邦線連至適當的 IO 腳位即可

- 數位溫度計(DS18B20)：將 J19 的 Vdd 接腳連至 5V，DQ 連至適當的 Digital IO 腳位，即可量測環境的溫度(-55 度 C ~ +125 度 C)

- 光敏電阻(CDS)：當光敏電阻受光時，電阻值變小，若用手指遮擋光敏電阻(暗)，電阻值變大，可利用此特性來監測環境受光的變化，將 J10 的 CDS 接腳連至適當的 Analog IO 腳位(A0~A5)，即可量測環境光線的變化

- 可變電阻/VR(10KΩ)：內建 10KΩ的可變電阻，其三支腳分別對應

VR/VC/VL 腳位，可利用這些腳位並旋轉旋鈕以獲得所需的阻值

- 電源滑動開關 : 黑色開關(向右 on/向左 off)，可打開或關閉從電源輸入接口送至 UNO 控制板的電源(VIN)

- Reset 按鍵 : 紅色按鍵為 Reset Key

- 電源輸入接口 : 將紅黑電源線接頭插入此電源母座(紅色為正極/+，黑色為負極/-)

- 測試按鍵(Key) :若將 J14 Jumper B/C 短路，則 Key 1(S3)按鍵自動連至 A1 Pin，無需接線，可將 A1 設定為 Digital I/O 或 利用 Analog I/O (A/D)來偵測 Key 1 按鍵的狀態。Key 2(S4)按鍵則需使用杜邦線將 J14 Jumper A 連至適當的數位或類比腳位

系統規格

- 控制器核心：ATmega328

- 控制電壓：5V

- 建議輸入電(recommended)：7-12 V

- 最大輸入電壓 (limits)：6-20 V

- 數位 I/O Pins：14 (of which 6 provide PWM output)

- 類比輸入 Pins：6 組

- DC Current per I/O Pin：40 mA

- DC Current for 3.3V Pin：50 mA

- Flash Memory：32 KB (of which 0.5 KB used by bootloader)

- SRAM：2 KB

- EEPROM：1 KB

- Clock Speed：16 MHz

擴充規格

- Buzzer：連接至 D8(Jumper)，可以產生 melody 及警示告知，出廠時 Jumper 預設短路，若欲使用 D8，請將 Jumper 開路或拔除。

- 電池電量檢測：當 Jumper 短路時，會將 Vin 的 1/2 分壓連接至 A0，因此即可利用 Analog IO A0 監測電池的電壓，所量之電壓值為 1/2 Vin，即真正的電壓值為 A0 讀取的數值/1023 * 5V * 2，因此最高可量測 10V 的電壓 (1023/1023 * 5V * 2)

圖 11 Appsduino Shield V2.0 擴充板

Arduino 硬體- Doctor duino 開發版

Doctor duino 開發版是『燦鴻電子』
(http://class.ruten.com.tw/user/index00.php?s=boyi102) 洪總經理 柏旗先生公司 發展出來的產品，主要是為了簡化 Arduino 與麵包板、LCD1602、測試按鈕，溫度感測器、紅外線感測器...等其它常用的周邊發展出來的產品，本身完全相容於 Arduino UNO 開發版。

圖 12 Doctor duino 硬體規格

　　Doctor duino 是一款介於 UNO 和 MEGA 2560 之間的開發板，所使用的 IC 為 ATmega644p 可相容於 Arduino 開發軟體，可直接在 arduino 開發平台上做開發使用，適合老師做為教學用途以及學生實習的開發工具，開發板容入了許多硬體，我們可藉由這些硬體裝置，來做一些基本的相關應用。

digital 8	PB0	1	40	PA0	digital 0 / analog 0
digital 9	PB1	2	39	PA1	digital 1 / analog 1
digital 10 / INT2	PB2	3	38	PA2	digital 2 / analog 2
digital 11 / PWM	PB3	4	37	PA3	digital 3 / analog 3
digital 12 / PWM	PB4	5	36	PA4	digital 4 / analog 4
digital 13 / MOSI	PB5	6	35	PA5	digital 5 / analog 5
digital 14 / MISO	PB6	7	34	PA6	digital 6 / analog 6
digital 15 / SCK	PB7	8	33	PA7	digital 7 / analog 7
	RESET	9	32	AREF	
	VCC	10	31	GND	
	GND	11	30	AVCC	
	XTAL2	12	29	PC7	digital 23
	XTAL1	13	28	PC6	digital 22
digital 24 / RXD0	PD0	14	27	PC5	digital 21
digital 25 / TXD0	PD1	15	26	PC4	digital 20
digital 26 / INT 0 / RXD1	PD2	16	25	PC3	digital 19
digital 27 / INT 1 / TXD1	PD3	17	24	PC2	digital 18
digital 28 / PWM	PD4	18	23	PC1	digital 17 / SDA
digital 29 / PWM	PD5	19	22	PC0	digital 16 / SCL
digital 30 / PWM	PD6	20	21	PD7	digital 31 / PWM

圖 13Doctor duino 腳位分佈圖

Doctor duino 開發版採用 Sanguino 644p 的單晶片，Doctor duino 開發板規格如表 1 所示。

表 1 Doctor duino 開發板規格

微控制器	ATmega644
電壓範圍	1.8-5.5V
輸入電壓極限	6V
Digital I/O Pins	32 (6 組 PWM 輸出)
類比轉數位 ADC	8 組
每隻 I/O 腳位的輸出電流	40 mA
每隻 I/O 腳位的輸出電流(3.3V)	50 mA
Flash Memory	64KB
SRAM	4 KB
EEPROM	2 KB
所使用的振盪器	16 MHz

ATmega644p 提供 32 組 I/O 腳位，其中分成 8 組類比轉數位 ADC、6 組 PWM、2 組 UART、1 組 SPI、1 組 I2C,只要透過 UART 介面就可把程式寫入到 Doctor duino 開發板，不用在另外加買燒錄器，程式語法與 arduino 的語法相容，可直接套用 arduino 的程式語言。

ATmega644p 本身有內建 EEPROM，可以使用 arduino 的語法來做讀寫，如下為我們針對 UNO、ATmega644p、MEGA2560 的 EEPROM 比較：

表 2 AMTEL 單晶片 EEPROM 容量比較表

型號	容量
ATmega328	1KBytes
ATmega644	2KBytes
ATmega2560	4KBytes

圖 14 USB 轉 TTL 的電路圖

　　整塊開發板的電源，主要來自電腦上的 USB 電源，開發板上面有一組 USB 轉

TTL 的電路，可透過此電路產生虛擬的串列埠介面來與 ATmega644p 通訊和燒錄程

式，並且也提供開發板所有電源，使用此開發板不須外接 5V 的電源供應器，只要

電腦的 USB 電源就可運作了。

圖 15USBASP 燒錄腳座(紅色框)

若使用者不想用 arduino 開發平台來做開發，而想用一般的 IDE 開發軟體(例如
Keil C、IAR)來進行開發的話，我們這邊也有提供一組標準 USBASP 的燒錄腳座給
使用者做一般燒錄使用，在使用 USBASP 進行燒錄時，可直接使用 USBASP 所提
供的 5V 電源即可，不用在外加任何的電源。

圖 16 USBASP Jack 接腳圖

當使用者不想使用 USB 供電時，可以外接 5V 的變壓器來提供電源給 Doctor
duino 開發板，但是需要做一些硬體上的設定，也就是將 J10 上的 JUMP 改設定成
外部供電，此時本來板上的 DS1 LED 燈將不會亮起，除非改成 USB 供電。

設計 Doctor duino 開發板最主要的目的，是讓初學者了解一些韌體的基本功能
程式設計，所以我們在開發板上面加入了一些常用的零件，例如 LED、按鍵、七
段顯示器、1602 LCD、可變電阻等，這些都是我們平常使用的零件，若初學者都
會這些功能應用之後，就可用我們預留的腳位做一些延伸的應用如下為開發板上的
硬體配備說明介紹：

LED 燈

圖 17 Doctor duino 開發板八顆 Led 接腳圖

根據 ATmega644p 的 Datasheeet，ATmega644p 做為 I/O 輸出腳位時，其所能產生的電流大小為 40mA，而一般的 LED 驅動電流約 7mA~25mA，因此我們可以直接使用 ATmega644p 的 I/O 腳位去點亮 LED 燈，但為了使開發板能適用於不同的單晶片，我們還是使用外部 5V 電源外加一組 510Ω 的電阻供電給 LED 做為驅動使用，當 I/O 腳位輸出為 LOW 時，則會點亮 LED 燈，反之，若輸出為 HIGH 時，則熄滅 LED 燈，其 LED 與 I/O 腳位的對應關係如下：

表 3 Doctor duino 開發板八顆 Led 接腳表

I/O 腳位	LED 燈
24	D9
25	D8
26	D7
27	D6
28	D5
29	D4
30	D3
31	D2

按鍵

圖 18 Doctor duino 開發板按鍵接腳圖

一般我們在撰寫人機介面時，都會用到按鍵，按鍵算是最基本的零件，對於初學者來說是必學課程之一，而對於一般工程師，寫按鍵的程式算是家常便飯，Doctor duino 開發板提供了四組獨立按鍵，與一組 RESET 按鍵，當按鍵未按下其對應的 I/O 腳位為 HIGH，反之若按鍵按下則腳位為 LOW，其對應關係如下：

表 4 Doctor duino 開發板按鍵表

I/O 腳位	腳位按鍵名稱
26	S1
27	S2
4	S3
5	S4

可變電阻

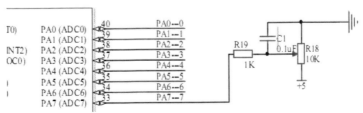

圖 19 ATmega644p 六組類比轉數位 ADC 功能腳位圖

ATmega644p 提供了六組類比轉數位 ADC 功能腳位，我們在其中一組腳位上加裝了一顆 10K 的可變電阻，雖然硬體架構簡單，但是對於學習 ADC 功能來說，就足以讓初學者了解 ADC 大至上是怎樣子的運作流程了，如下為各 IC 之比較。

表 5 Arduino 開發版 ADC 比較表

開發板	使用 IC	ADC 數
Arduino Uno	ATmega328p	6 組
Doctor duino	ATmega644p	8 組
Arduino Mega 2560	ATmega2560	16 組

蜂鳴器

圖 20 蜂鳴器接腳圖

一般蜂鳴器可分成壓電式和電磁式的，Doctor duino 開發板所使用的蜂鳴器為壓電式的蜂鳴器，所以只要送一個穩定的 5V 電壓給蜂鳴器就可發音，在此我們使用 PNP 電晶體當做開關來啟動或關閉蜂鳴器，也就是說，當輸出為 HIGH 時，關閉蜂鳴器，反之輸出為 LOW 時，開啟蜂鳴器，須注意的是，當設定蜂鳴器腳位為輸出模式後，需在設定蜂鳴器為 HIGH，否則一打開 Doctor duino 開發板時，會導致蜂鳴器啟動。

七段顯示器

圖 21 七段顯示器接腳圖

採用四數位共陰極的七段顯示器,如上電路圖所示,a~h 為點亮單一筆畫,而 1~4 為致能單顆七段顯示器,在 1~4 的部份都接有一顆 PNP 電晶體來驅動七段顯示器的每一位數(個、十、百、千),所以,由上圖可看出,當 1~4 某位數腳輸出為 LOW 時,將致能此位數的七段顯示器(可點亮一個 8),反之若為 HIGH 時,則將禁能此位數的七段顯示器(無法點亮一個 8),其對應關係說明如下:

表 6 Doctor duino 開發板七段顯示器位數腳位圖

控制腳位	位數
digital pin 0	千
digital pin 1	百
digital pin 2	十
digital pin 3	個

串列埠 Serial Port

圖 22 Serial Port 接腳圖

　　ATmega644p 內建兩組 UART 的功能，分別為 Digital 24、25(RXD0、TXD0)與 Digital 26、Digital 27(RXD1、TXD1)，而其中一組(RXD0、TXD0)腳位上外接了一顆 USB 轉 TTL 的 IC(PL2303)，我們做燒錄 Doctor duino 開發板用的，並且也可以透過此腳位本身的 UART 功能來傳資料給電腦端，反之也可收電腦端傳來的資料。

$溫度感測器 DS18B20$

圖 23 DS18B20 接腳圖

圖片來源：Dallas 的 Datasheet

　　DS18B20 可測得的溫度範圍為-55℃~+125℃，此溫度感測器的應用很廣泛，例如飲水機的溫度、冷氣排放的溫度等等都可以量測，而且為數位訊號輸出，與類比訊號輸出更加穩定，若採用類比訊號輸出的溫度感測器會因為接線太長的關係，而導致微控制器在接收類比訊號是會有所誤差，這也是為何大家都使用 DS18B20 的主要原因。

圖 24 DS18B20 接腳圖

DS18B20 的 IC 有兩種封裝，其中一種為 TO-92 封裝，此封裝有點類似電晶體的樣式，腳位分別為 GND、DQ、VDD，其中 VDD、GND 為電源部份，DQ 腳位為數位訊號輸出入腳，我們可以透過 DQ 腳位來取得目前的溫度數據。

LCD 1602

圖 25 LCD1602&LCD12864 共用腳位圖

LCD 1602 可能是讀者在做專題時，都會考慮使用的液晶顯示模組，比起其它類型的 LCD 模組會來得好上手，資料量也是最多的，所以在學習液晶顯示的初學者都會先以這塊做為練習的對象，然後學會這塊之後在做延伸到繪圖型的 LCD 12864，在 Doctor duino 開發板上面有預留 LCD 1602 的腳座，使用者可以直接把 LCD 1602 插上去使用，，旁邊我們有加一顆可變電阻來調整字體亮度。

表 7 LCD 1602 接腳表

編號	符號	腳位說明	編號	符號	腳位說明
1	VSS	電源-0V 輸入	9	D2	資料線 2 (4 線控制使用)
2	VDD	電源-5V 輸入(接地)	10	D3	資料線 3 (4 線控制使用)
3	VO	字體亮度	11	D4	資料線 4
4	RS	RS = 0：命令暫存器 RS = 1：資料暫存器	12	D5	資料線 5
5	R/W	R/W = 0：寫入 R/W = 1：讀取	13	D6	資料線 6
6	E	E = 0：LCD 除能 E = 1：LCD 致能	14	D7	資料線 7
7	D0	資料線 0 (4 線控制使用)	15	BLA	背光-5V 輸入
8	D1	資料線 1 (4 線控制使用)	16	BLK	背光-0V 輸入(接地)

LCD 12864

　　LCD 12864 與 LCD 1602 具有一樣的通訊協定格式，其可分成 4 線與 8 線的通訊方式，但 LCD 12864 比 1602 多了一種通訊也就是串列通訊，只要將 PSB 腳位設定為 LOW 則為串列傳輸模式，反之為 HIGH 則屬並列傳輸模式，此功能採用手動的設定，只要切換 Doctor duino 開發板上 J11 的跳帽及可更改設定。

表 8 LCD 12864 接腳表

編號	符號	腳位說明	編號	符號	腳位說明
1	VSS	電源-0V 輸入	11	D4	資料線 4
2	VDD	電源-5V 輸入(接地)	12	D5	資料線 5
3	VO	字體亮度	13	D6	資料線 6
4	RS(CS)	RS = 0：命令暫存器 RS = 1：資料暫存器	14	D7	資料線 7
5	R/W(SID)	R/W = 0：寫入 R/W = 1：讀取	15	PSB	PSB = 0：串列模式 PSB = 1：並列模式
6	E(SCLK)	E = 0：LCD 除能 E = 1：LCD 致能	16	NC	

7	D0	資料線 0 (4 線控制使用)	17	RST	**重置**
8	D1	資料線 1 (4 線控制使用)	18	VEE/NC	
9	D2	資料線 2 (4 線控制使用)	19	BLA	**背光-5V 輸入**
10	**D3**	**資料線 3 (4 線控制使用)**	20	**BLK**	背光-0V 輸入(接地)

　　如上腳位說明中的紅色字體部份是在串列模式下所會用到的腳位，其說明如下：

表 9 LCD 1602/LCD 16824 驅動腳位圖

編號	符號	腳位說明
4	RS(CS)	CS = 0：LCD 除能 CS = 1：LCD 致能
5	R/W(SID)	**資料命令傳送接收**
6	E(SCLK)	CLOCK

紅外線

圖 26 紅外線接線圖

　　Doctor duino 板上有預留一組紅外線接收器腳位，此接收器連接到 30 腳的位置，使用者可以利用他來接收紅外線的訊號源，一般紅外線所發射的頻率為 36K~40KHz 的載波，在這個頻率範圍內的訊號源，在我們生活中是很少會出現雜訊干擾現象，這種穩定性極佳的無線訊號，對於想學無線通訊的初始者是一個很不錯的學習例子，我們主要利用一隻遙控器來傳送訊號給 Doctor duino 開發板上的紅外線接收頭，此時 Doctor duino 會去判別是否為正確的訊號，若正確的話，則產生相關的動作。

藍芽無線模組

圖 27 藍芽無線模組接線圖

若要使用藍芽無線模組的腳位時，需注意到 J4 與 J6 腳位的設定，在出廠時，我們會將 J4 腳位用跳帽來短路，表 PC 與 ATmega644p 可通訊，若是把跳帽改來 J6 短路，則表藍芽無線模組與 ATmega644p 可通訊，會何要使用跳帽的方式來做呢？主要是因為，若我們不把 J4 改跳 J6 的話，會導致說 ATmega644p 的 UART 腳位，所傳送出去或者接收進來的訊號，會有衰減的現象，這樣子會導致，我們的 ATmega644p 無法判別此訊號源，所以才會做這個跳帽切換的功能。

NRF24L01

圖 28 NRF24L01 接線圖

　　NRF24L01 會這麼的受歡迎不是因為他是 2.4Ghz 的關係，而是因為他具有類似
Zigbee 的功能，也就是說，他可利用一組接收器來接收多組發射源(最多六組)，開
發板上的左上角有預留 NRF24L01 的腳座，在做 NRF24L01 的練習時，需要使用兩
塊板子來做實驗才行，一塊當接收，一塊當發射，若是成功後，我們可以在多加一
塊發射來試試看，最多可加到六塊，開發板上使用了一顆 5V 轉 3.3V 的穩壓 IC
XC6206P332 來提供電源給 NRF24L01 使用。

章節小結

　　本章節概略的介紹 Arduino 常見的開發板與硬體介紹，接下來就是介紹 Arduino
開發環境，讓我們視目以待。

CHAPTER

Arduino 開發環境

Arduino 開發 IDE 安裝

Step1. 進 入 到 Arduino 官 方 網 站 的 下 載 頁 面
(http://arduino.cc/en/Main/Software)

Step2. Arduino 的開發環境，有 Windows、Mac OS X、Linux 版本。
本範例以 Windows 版本作為範例，請頁面下方點選「Windows Installer」
下載 Windows 版本的開發環境。

Arduino IDE

Arduino 1.0.5

Download

Arduino 1.0.5 (release notes), hosted by Google Code:

NOTICE: Arduino Drivers have been updated to add support for Windows
8.1, you can download the updated IDE (version 1.0.5-r2 for Windows) from
the download links below.

- Windows Installer, Windows ZIP file (for non-administrator install)
- Mac OS X
- Linux: 32 bit, 64 bit
- source

Next steps

Getting Started
Reference
Environment
Examples
Foundations
FAQ

Step3. 下載完的檔名為「arduino-1.0.5-r2-windows.exe」，將檔案點

擊兩下執行，出現如下畫面：

Step4. 點選「I Agree」後出現如下畫面：

Step5. 點選「Next>」後出現如下畫面：

Step6. 選擇檔案儲存位置後，點選「Install」進行安裝，出現如下

畫面：

Step7. 安裝到一半時，會出現詢問是否要安裝 Arduino USB Driver(Arduino LLC)的畫面，請點選「安裝(I)」。

Step8. 安裝系統就會安裝 Arduino USB 驅動程式。

Step9. 安裝完成後，出現如下畫面，點選「Close」。

Step10. 桌布上會出現 的圖示，您可以點選該圖示執行
Arduino Sketch 城式。

Step11. 您會進入到 Arduino 的軟體開發環境的介面。

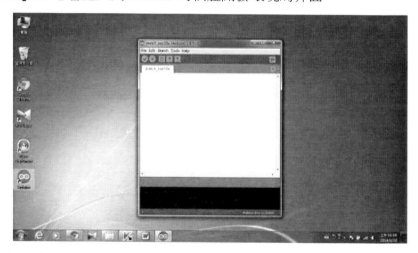

以下介紹工具列下方各按鈕的功能：

	Verify 按鈕	進行編譯，驗證程式是否正常運作。
	Upload 按鈕	進行上傳，從電腦把程式上傳到 Arduino 板子裡。
	New 按鈕	新增檔案
	Open 按鈕	開啟檔案，可開啟內建的程式檔或其他檔案。
	Save 按鈕	儲存檔案

Step12. 首先，您可以切換 Arduino Sketch 介面語言。

Step13. 出現 Preference 選項畫面。

Step14. 可切換到您想要的介面語言(如繁體中文)。

Step15. 切換繁體中文介面語言，按下「OK」。

Step16. 按下「結束鍵」，結束 Arduino Sketch 程式，並重新開啟 Arduino Sketch 程式。

Step17. 可以發現 Arduino Sketch 程式介面語言已經變成繁體中文

介面了。

Step18. 點選工具列「草稿碼」中的「匯入程式庫」，並點選「Add

Library」選項。

安裝 Arduino 開發板的 USB 驅動程式

以 Mega2560 作為範例

Step1. 將 Mega2560 開發板透過 USB 連接線接上電腦。

Step2. 到剛剛解壓縮完後開啟的資料夾中，點選「drivers」資料夾並進入。

名稱	修改日期	類型	大小
drivers	2014/1/8 下午 08...	檔案資料夾	
examples	2014/1/8 下午 08...	檔案資料夾	
hardware	2014/1/8 下午 08...	檔案資料夾	
java	2014/1/8 下午 08...	檔案資料夾	
lib	2014/1/8 下午 08...	檔案資料夾	
libraries	2014/1/8 下午 08...	檔案資料夾	
reference	2014/1/8 下午 08...	檔案資料夾	
tools	2014/1/8 下午 08...	檔案資料夾	
arduino	2014/1/8 下午 08...	應用程式	840 KB
cygiconv-2.dll	2014/1/8 下午 08...	應用程式擴充	947 KB
cygwin1.dll	2014/1/8 下午 08...	應用程式擴充	1,829 KB
libusb0.dll	2014/1/8 下午 08...	應用程式擴充	43 KB
revisions	2014/1/8 下午 08...	文字文件	38 KB
rxtxSerial.dll	2014/1/8 下午 08...	應用程式擴充	76 KB

Step3. 依照不同位元的作業系統，進行開發板的 USB 驅動程式的安裝。32 位元的作業系統使用 dpinst-x86.exe， 64 位元的作業系統使用

dpinst-amd64.exe。

名稱	修改日期	類型	大小
FTDI USB Drivers	2014/1/8 下午 08...	檔案資料夾	
arduino	2014/1/8 下午 08...	安全性目錄	10 KB
arduino	2014/1/8 下午 08...	安裝資訊	7 KB
dpinst-amd64	2014/1/8 下午 08...	應用程式	1,024 KB
dpinst-x86	2014/1/8 下午 08...	應用程式	901 KB
Old Arduino Drivers	2014/1/8 下午 08...	WinRAR ZIP 壓縮檔	14 KB
README	2014/1/8 下午 08...	文字文件	1 KB

Step4. 以 64 位元的作業系統作為範例，點選 dpinst-amd64.exe，會

出現如下畫面：

Step5. 點選「下一步」，程式會進行安裝。完成後出現如下畫面，並點選「完成」。

Step6. 您可至 Arduino 開發環境中工具列「工具」中的「序列埠」看到多出一個 COM，即完成開發板的 USB 驅動程式的設定。

或可至電腦的裝置管理員中，看到連接埠中出現 Arduino Mega

2560 的 COM3，即完成開發板的 USB 驅動程式的設定。

Step7. 到工具列「工具」中的「板子」設定您所用的開發板。

※您可連接多塊 Arduino 開發板至電腦，但工具列中「板子」中
的 Board 需與「序列埠」對應。

修改 IDE 開發環境個人喜好設定：(存檔路徑、語言、字型)

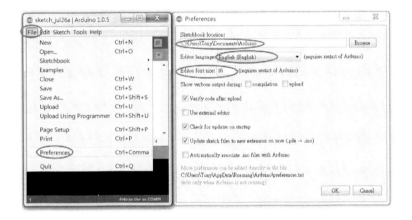

圖 29 IDE 開發環境個人喜好設定

Arduino 函式庫安裝

本書使用的 Arduino 函式庫安裝文件，乃是 adafruit 公司官網資料，請參考網址：

https://learn.adafruit.com/downloads/pdf/adafruit-all-about-arduino-libraries-install-use.pdf 。

Doctor duino 開發環境安裝教學

本節主要介紹柏毅電子推出的 Doctor duino 開發板之 Arduino 的軟體開發環境，我們可到 Arduino 官方網站的下載頁面即可下載，可在 Windows、Mac OS X、Linux 上運行。

作者所使用的電腦為 XP，所以下載了， Windows 版、1.0.1 版（arduino-1.0.1-windows.zip），並將此 Arduino 的軟體開發環境，zip 解壓縮後即可使用了，無需要安裝。

請將" 0.安裝說明"底下的 Drduino 開發包資料夾放至到
arduino-1.0.1-windows\arduino-1.0.1\hardware 的目錄下

請將"0.安裝說明"底下的 PL2303

DRIVER/PL2303_Prolific_DriverInstaller_v1_8_0.zip 解壓縮並執行安裝

PL2303_Prolific_DriverInstaller_v1.8.0.exe(USB 的驅動程式)

然後，需要一條 USB 連接線，一頭是 A 型插頭（右），一頭是 B 型插頭（左）。

再來連接板子與電腦後，Windows 會跳出新增硬體精靈視窗。因為我們將要自行指定驅動程式，所以選「不，現在不要」。

然後選「自動安裝軟體(建議選項)」。

接下來，要找出 Doctor duino 板子被接到哪一個序列埠上。雖然用的是 USB 連接線，但其實是把 USB 模擬成序列埠。(以前 Arduino 板子使用序列傳輸埠，就是在很久很久以前，通常用來連接滑鼠的那種 9pin RS-232 連接埠，因為新電腦都沒有序列埠了，所以現在改成 USB 連接埠。)

到「控制台」的「系統」

選「硬體」，選「裝置管理員」

當有連接 Doctor duino 開發板時，在「連接埠(COM 和 LPT)」下就會出現。我的是 COM3(每個使用者的 COMx 不一定會一樣，要看使用者所看到的 COMx 是多少來決定用哪個 COMx)

找出連接埠的埠號後，就可以寫程式測試看看了。執行解壓縮目錄下的 arduino.exe。

按下後會出現如下觀迎畫面

首先到「Tools」-「Board」設定你用的是哪塊板子。

然後到「Tools」-「Serial Port」設定剛剛查出來的埠號。

然後選「File」-「Open」，打開" Drduino 範例\2.LED 閃爍\EX2\EX2.ino"

按下左上角的 Verify 按鈕，進行編譯，驗證看看程式有沒有問題。

沒問題後，按下 Upload 按鈕，進行上傳，所謂 Upload 上傳，是指從電腦把程式上傳到 Doctor duino 開發板裡。

在傳輸的過程中，軟體開發環境的左下方狀態列會出現「Uploading…」，而且板子上有兩個標示著 24(RX)、25(TX)的 LED 會不停閃爍，表示正在傳輸中。

若傳輸成功，軟體開發環境的左下方狀態列會出現「Done Uploading.」

傳輸成功後，你就可以看到開發板上 31 的 LED 燈在閃爍，亮一秒、滅一秒、亮一秒、滅一秒、不斷地交換。

如何燒錄 Bootloader

　　本節『如何燒錄 Bootloader』內容，乃是參考『柏毅電子』

(http://class.ruten.com.tw/user/index00.php?s=boyi101) 、『燦鴻電子』

(http://class.ruten.com.tw/user/index00.php?s=boyi102) 洪總經理 柏旗先生公司文件改

寫而成，特此感謝 『洪總經理 柏旗先生』熱心與無私的分享。

　　讀者可以到 Arduino 官網(http://arduino.cc/en/Main/Software)，下載最新的 Arduino

IDE 版本，點選如下圖中的紅色框即可(Arduino 1.0.6)。

圖 30 下載 Arduino 官網 Arduino IDE 版本

之後把下載的 arduino-1.0.6-windows.zip 解壓縮。

圖 31 解壓縮 arduino-1.0.6-windows.zip

打開 arduino.exe，即可執行 arduino IDE 了，不用在另外安裝。

名稱	修改日期	類型	大小
drivers	2014/9/18 下午 0...	檔案資料夾	
examples	2014/9/18 下午 0...	檔案資料夾	
hardware	2014/9/18 下午 0...	檔案資料夾	
java	2014/9/18 下午 0...	檔案資料夾	
lib	2014/9/18 下午 0...	檔案資料夾	
libraries	2014/9/18 下午 0...	檔案資料夾	
reference	2014/9/18 下午 0...	檔案資料夾	
tools	2014/9/18 下午 0...	檔案資料夾	
arduino.exe	2014/9/18 下午 0...	應用程式	844 KB
arduino_debug.exe	2014/9/18 下午 0...	應用程式	383 KB
cygiconv-2.dll	2014/9/18 下午 0...	應用程式擴充	947 KB
cygwin1.dll	2014/9/18 下午 0...	應用程式擴充	1,829 KB
libusb0.dll	2014/9/18 下午 0...	應用程式擴充	43 KB
revisions.txt	2014/9/18 下午 0...	文字文件	39 KB
rxtxSerial.dll	2014/9/18 下午 0...	應用程式擴充	76 KB

圖 32 執行 Arduino IDE

在使用 Arduino IDE 之前，讀者需先購買 Arduino Uno R3 開發板，若是副廠的開發板，盡量使用不帶 logo 版本的，有些人會問說，原廠和副廠是不是有差，原廠的會比較好用一些，筆者用起來是覺得，都一樣沒什麼特別之處，主要都是採用如下紅色框內這顆單晶片，他的型號是"ATMEGA328P-PU"，此顆加裝在 UNO 開發板上的單晶片與一般剛出廠的 ATMEGA328P-PU 單晶片差別是在於 UNO 開發板上的 ATMEGA328P-PU 已燒錄了 Bootloader，也就是開機管理程式在內，所以不是空白的 IC 喔！

圖 33 Arduino Uno R3 開發板

```
RESET           (PCINT14/RESET) PC6 □ 1        28 □ PC5 (ADC5/SCL/PCINT13)  A5  19
0  RX           (PCINT16/RXD) PD0 □ 2          27 □ PC4 (ADC4/SDA/PCINT12)  A4  18
1  TX           (PCINT17/TXD) PD1 □ 3          26 □ PC3 (ADC3/PCINT11)      A3  17
2               (PCINT18/INT0) PD2 □ 4         25 □ PC2 (ADC2/PCINT10)      A2  16
3  PWM      (PCINT19/OC2B/INT1) PD3 □ 5        24 □ PC1 (ADC1/PCINT9)       A1  15
4           (PCINT20/XCK/T0) PD4 □ 6          23 □ PC0 (ADC0/PCINT8)       A0  14
Vin,5V                     VCC □ 7            22 □ GND                     接地
接地                        GND □ 8            21 □ AREF         類比轉換參考電壓
振盪器1  (PCINT6/XTAL1/TOSC1) PB6 □ 9          20 □ AVCC    類比電路電源  Vin,5V
振盪器2  (PCINT7/XTAL2/TOSC2) PB7 □ 10         19 □ PB5 (SCK/PCINT5)        13  PWM
5  PWM      (PCINT21/OC0B/T1) PD5 □ 11         18 □ PB4 (MISO/PCINT4)       12  PWM
6  PWM     (PCINT22/OC0A/AIN0) PD6 □ 12        17 □ PB3 (MOSI/OC2A/PCINT3)  11  PWM
7              (PCINT23/AIN1) PD7 □ 13         16 □ PB2 (SS/OC1B/PCINT2)    10  PWM
8          (PCINT0/CLKO/ICP1) PB0 □ 14         15 □ PB1 (OC1A/PCINT1)        9  PWM
```

圖 34 ATmega328P-PU 腳位簡介圖

ATmega328P-PU 腳位簡介：

1、RESET 的用途。

2、一般 I/O 腳位的定義，如：何謂三態(Tri-State Device)等

3、各中斷的功能，如計時器 Timer、計數器 Counter。

4、INT0、INT1 與 PCINTx(Pin Change Interrupt)之差別。

5、ADC：電壓轉換與 AREF 的腳位用途。

6、PWM：頻率與週期的關係。

7、UART 通訊：RXD、TXD 的用途與對此協定的瞭解

8、SPI 通訊：SCK、MISO、MOSI、SS 的用途與對此協定的瞭解

9、I2C 通訊：SCL、SDA 的用途與對此協定的瞭解

瞭解如何使用 Arduino Uno R3 開發板(參考圖 33)，將 Arduino 的 Bootloader 燒錄至空白的 ATMEGA328P-PU 內。

準備材料：

1、Arduino Uno R3 開發板 ＊1

2、麵包板 ＊1

3、電容 22p ＊2

4、石英振盪器 16MHz ＊1

5、電阻 10K ＊1

6、ATmega328P-PU ＊1

圖 35 將 Arduino Uno R3 開發板連接到開發電腦

　　首先，把 Arduino Uno R3 開發板透過 USB 接至電腦端，此時系統會要求你安裝 UNO 開發板的驅動程式，讀者可在我們剛解壓縮的目錄下找到 arduino-1.0.6-windows\arduino-1.0.6\drivers，此時將他安裝完成。

圖 36 更新 Arduino Uno R3 開發板驅動程式

當安裝完成之後，可在裝置管理員底下找到 Arduino Uno 的串列埠(COM14)(讀者請留意，每一個人或電腦或不同的 Arduino 開發板，其串列埠號碼都會不一樣)。

圖 37 檢視裝置管理員 Arduino Uno R3 開發板的通訊埠狀況

　　如下為一 Arduino IDE 軟體與 Uno 開發板的簡易通訊關係圖，Uno 開發板內有安裝一顆 ATmega16U2 的單晶片 IC，其主要功能是產生一虛擬的串列埠(USB 轉 UART)，使 Arduino IDE 可下達燒錄命令給 ATmega328P-PU 的 Bootloader，然後在透過 Bootloader 來將編譯好的 sketch 程式(Arduino 程式碼)一一寫入到 ATmega328P-PU 的程式記憶體內(Program Memory)。

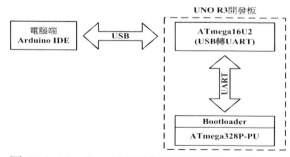

圖 38 Arduino Uno R3 開發板與電腦溝通一覽圖

若使用 Arduino IDE 版本綠色版本(免安裝版)，則只需啟始 arduino.exe，即可執行 Arduino IDE 了，不用在另外安裝 Arduino IDE 開發系統。

名稱	修改日期	類型	大小
drivers	2014/9/18 下午 0...	檔案資料夾	
examples	2014/9/18 下午 0...	檔案資料夾	
hardware	2014/9/18 下午 0...	檔案資料夾	
java	2014/9/18 下午 0...	檔案資料夾	
lib	2014/9/18 下午 0...	檔案資料夾	
libraries	2014/9/18 下午 0...	檔案資料夾	
reference	2014/9/18 下午 0...	檔案資料夾	
tools	2014/9/18 下午 0...	檔案資料夾	
arduino.exe	2014/9/18 下午 0...	應用程式	844 KB
arduino_debug.exe	2014/9/18 下午 0...	應用程式	383 KB
cygiconv-2.dll	2014/9/18 下午 0...	應用程式擴充	947 KB
cygwin1.dll	2014/9/18 下午 0...	應用程式擴充	1,829 KB
libusb0.dll	2014/9/18 下午 0...	應用程式擴充	43 KB
revisions.txt	2014/9/18 下午 0...	文字文件	39 KB
rxtxSerial.dll	2014/9/18 下午 0...	應用程式擴充	76 KB

圖 39 執行 Arduino IDE

選擇 Tools→Board→Arduino Uno (我們所使用的板子名稱)

圖 40 選擇開發板型號

選擇 Tools→Serial Port→COM14 (板子所產生的虛擬 COM，以讀者自行產生的 COM 為準，不一定會是 COM14)

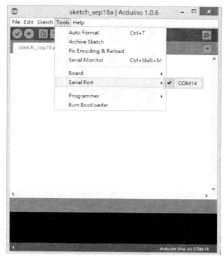
圖 41 設定通訊埠

打開之後，選擇 File→Examples→ArduinoISP (將 ISP 的功能燒錄到 Uno 開發板內)

圖 42 開啟 Bootloader 範例程式

按下紅色框 Verify，進行 sketch 程式的編譯(Compiling)，編譯完成之後，會產生一 hex 檔，並顯示 Done compiling 的訊息。

說明：ISP 為 In-System Programming 的縮寫，稱作「線上燒錄功能」。使用者可以直接透過預設通訊介面（如：RS-232），來進行燒錄而不需要拔插單晶片（直接使用軟體下載即可）

圖 43 編譯 Bootloader 範例程式

之後按下 Upload，即可將 Compiling 完成的 sketch 程式上傳更新 ATmega328P-PU 的內部記憶體，當更新完成則會顯示 Done uploading，此時 Uno 開發板就會有 ISP 燒錄的功能。

圖 44 上傳 Bootloader 程式

　　如下為筆者用 fritzing(Fritzing.org., 2013)繪圖軟體畫的，準備要透過 Uno 開發板
對麵包板上的 ATMEGA328P-PU 燒錄 Arduino Bootloader 的基本電路接法，請讀者
參考下列電路。

圖 45 燒錄 Arduino Bootloader 的基本電路範例圖

圖 46 燒錄 Arduino Bootloader 的基本電路圖

在這邊讀者一定會覺得很奇怪，為何要燒錄 Bootloader 到 ATmega328P-PU 內，主要是把一些 ATmega328P-PU 的初始化設定檔燒錄到 Bootloader 內，例如：外部 ATmega328P-PU 要用什麼的振盪器，還有重置(Reset)的狀態與記憶體的規劃設定之類等等的，還有讓 ATmega328P-PU 具有自燒程式的功能，有了這個功能，我們就可以省去買燒錄器的錢，目前外面有很多單晶片的製造商都有推出這類的功能，算是滿普遍的。

接好電路後，在打開 Arduino IDE，選擇 Tools→Programmer→Arduino as ISP

圖 47 設定燒錄方式

在選擇 Tools→Burn Bootloader，開始燒錄 Bootloader 程式到我們麵包板的
ATmega328P-PU 內，在燒錄的過程需等待一段時間才會燒錄完成。

圖 48 燒錄 Arduino Bootloader

當燒錄完成後，會出現 Done burning bootloader 畫面，這時我們麵包板上的
ATmega328P-PU 就有 Bootloader 的程式在內了。

圖 49 完成燒錄 Arduino Bootloader

透過 UNO 開發板對 ATmega328P-PU 燒錄 sketch 程式。

上課時，我們會常用到如下的基本型電路，首先我們需要先把 Uno 開發板上的 ATmega328P-PU 單晶片拔除，然後把電路接成如下：

圖 50 燒錄外部 ATmega328P-PU 單晶片程式電路範例圖

PS.讀者要特別注意 TX、RX 的位置喔，不然會沒辦法 Upload 喔！

圖 51 燒錄外部 ATmega328P-PU 單晶片程式電路圖

此處使用不含 ATmega328P-PU 單晶片的 Uno 開發板來把 arduino 的 sketch 程式 upload 到右手邊的 ATmega328P-PU 單晶片的記憶體內，而右手邊的 ATmega328P-PU 必須先燒錄 Bootloader 才能使用喔，如下是他的簡易通訊圖。

圖 52 Arduino UNO 簡易通訊圖

完成之後，請執行 arduino.exe

圖 53　執行 Arduino IDE

在 Arduino IDE 下有許多的 Examples 範例檔，提供給各位學習參考用，在此處我們只用到最基本的 Blink 範例，請打開它。

圖 54 開啟 Blink 範例程式

一樣按下 Verify 進行編譯 sketch 程式碼動作。

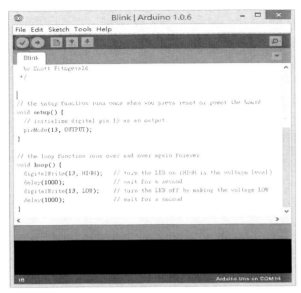

圖 55 編譯 Blink 範例程式

按下 Upload 更新 ATmega328P-PU 的內部記憶體內容，更新完之後，Blink LED 就會開始閃爍。

圖 56 上傳 Blink 範例程式

章節小結

　　本章節概略的介紹 Arduino 開發環境，主要是讓讀者了解 Arduino 如何操作與撰寫程式。

3
CHAPTER

Arduino 程式語法

官方網站函式網頁

　　讀者若對本章節程式結構不了解之處，請參閱如圖 57 所示之 Arduino 官方網站的 Language Reference (http://arduino.cc/en/Reference/HomePage)，或參閱相關書籍 (Anderson & Cervo, 2013; Boxall, 2013; Faludi, 2010; Margolis, 2011, 2012; McRoberts, 2010; Minns, 2013; Monk, 2010, 2012; Oxer & Blemings, 2009; Warren, Adams, & Molle, 2011; Wilcher, 2012)，相信會對 Arduino 程式碼更加了解與熟悉。

Language Reference

Arduino programs can be divided in three main parts: *structure, values* (variables and constants), and *functions*.

Structure

+ setup()
+ loop()

Control Structures
+ if
+ if...else
+ for
+ switch case
+ while
+ do... while
+ break
+ continue
+ return
+ goto

Further Syntax
+ ; (semicolon)
+ {} (curly braces)
+ // (single line comment)
+ /* */ (multi-line comment)
+ #define
+ #include

Arithmetic Operators
+ = (assignment operator)
+ + (addition)
+ - (subtraction)
+ * (multiplication)

Variables

Constants
+ HIGH | LOW
+ INPUT | OUTPUT | INPUT_PULLUP
+ true | false
+ integer constants
+ floating point constants

Data Types
+ void
+ boolean
+ char
+ unsigned char
+ byte
+ int
+ unsigned int
+ word
+ long
+ unsigned long
+ short
+ float
+ double
+ string - char array
+ String - object
+ array

Conversion
+ char()

Functions

Digital I/O
+ pinMode()
+ digitalWrite()
+ digitalRead()

Analog I/O
+ analogReference()
+ analogRead()
+ analogWrite() - *PWM*

Due only
+ analogReadResolution()
+ analogWriteResolution()

Advanced I/O
+ tone()
+ noTone()
+ shiftOut()
+ shiftIn()
+ pulseIn()

Time
+ millis()
+ micros()
+ delay()
+ delayMicroseconds()

Math

圖 57 Arduino 官方網站的 Language Reference

資料來源：Language Reference (http://arduino.cc/en/Reference/HomePage)

Arduino 程式主要架構

程式結構

> setup()
> loop()

一個 Arduino 程式碼(Sketch)由兩部分組成

setup()

程式初始化

void setup()

在這個函式範圍內放置初始化 Arduino 開發板的程式 - 在重複執行的程式 (loop())之前執行，主要功能是將所有 Arduino 開發板的 pin 腳設定，元件設定，需要初始化的部分設定等等。

變數型態宣告區：// 這裡定義變數或 IO 腳位名稱

void setup()

{

僅在 Power On 或 Reset 後執行一次，setup( )函數內放置初始化 Arduino 控制板的程式，即主程式開始執行前需事先設定好的變數 or 腳位定義等例如：pinMode(ledPin, OUTPUT);

}

loop()

迴圈重複執行

void loop()

在此放置你的 Arduino 程式碼。這部份的程式會一直重複的被執行，直到 Arduino 開發板被關閉。

void loop()

{

> 在 setup() 函數之後，即初始化之後，系統則在 loop() 程式迴圈內重複執行。直到 Arduino 控制板被關閉。

}

;　　　　　　　　每行程式敘述(statement)後需以分號(";")結束

{ }(大括號)　　　函數前後需用大括號括起來，也可用此將程式碼分成較易讀的區塊

區塊式結構化程式語言

C 語言是區塊式結構的程式語言， 所謂的區塊是一對大括號：『{}』所界定的範圍， 每一對大括號及其涵括的所有敘述構成 C 語法中所謂的複合敘述 (Compound Statement)， 這樣子的複合敘述不但對於編譯器而言，構成一個有意義的文法單位， 對於程式設計者而言，一個區塊也應該要代表一個完整的程式邏輯單元， 內含的敘述應該具有相當的資料耦合性 (一個敘述處理過的資料會被後面的敘述拿來使用)， 及控制耦合性 (CPU 處理完一個敘述後會接續處理另一個敘述指定的動作)， 當看到程式中一個區塊時， 應該要可以假設其內所包含的敘述都是屬於某些相關功能的， 當然其內部所使用的資料應該都是完成該種功能所必需的， 這些資料應該是專屬於這個區塊內的敘述，是這個區塊之外的敘述不需要的。

命名空間 (naming space)

C 語言中區塊定義了一塊所謂的命名空間 (naming space)， 在每一個命名空間內，程式設計者可以對其內定義的變數任意取名字， 稱為區域變數 (local variable)，這些變數只有在該命名空間 (區塊) 內部可以進行存取， 到了該區塊之外程式就不能在藉由該名稱來存取了， 如下例中 int 型態的變數 z。 由於區塊是階層式的，大區塊可以內含小區塊， 大區塊內的變數也可以在內含區塊內使用， 例如：

```
{
    int x, r;
    x=10;
    r=20;
    {
        int y, z;
        float r;
        y = x;
        x = 1;
```

```
        r = 10.5;
    }
    z = x; // 錯誤，不可使用變數 z
}
```

上面這個例子裡有兩個區塊，也就有兩個命名空間，有任一個命名空間中不可有兩個變數使用相同的名字，不同的命名空間則可以取相同的名字，例如變數 r，因此針對某一個變數來說，可以使用到這個變數的程式範圍就稱為這個變數的作用範圍 (scope)。

變數的生命期 (Lifetime)

變數的生命始於定義之敘述而一直延續到定義該變數之區塊結束為止，變數的作用範圍：意指程式在何處可以存取該變數，有時變數是存在的，但是程式卻無法藉由其名稱來存取它，例如，上例中內層區塊內無法存取外層區塊所定義的變數 r，因為在內層區塊中 r 這個名稱賦予另一個 float 型態的變數了。

縮小變數的作用範圍

利用 C 語言的區塊命名空間的設計，程式設計者可以儘量把變數的作用範圍縮小，如下例：

```
{
int tmp;
    for (tmp=0; tmp<1000; tmp++)
        doSomeThing();
}
{
    float tmp;
    tmp = y;
    y = x;
    x = y;
}
```

上面這個範例中前後兩個區塊中的 tmp 很明顯地沒有任何關係，看這個程式的人不必擔心程式中有藉 tmp 變數傳遞資訊的任何意圖。

特殊符號

; (semicolon)
{} (curly braces)
// (single line comment)
/* */ (multi-line comment)

Arduino 語言用了一些符號描繪程式碼，例如註解和程式區塊。

; //(分號)

Arduino 語言每一行程序都是以分號為結尾。這樣的語法讓你可以自由地安排代碼，你可以將兩個指令放置在同一行，只要中間用分號隔開（但這樣做可能降低程式的可讀性）。

範例：

```
delay(100);
```

{}(大括號)

大括號用來將程式代碼分成一個又一個的區塊，如以下範例所示，在 loop()函式的前、後，必須用大括號括起來。

範例：

```
void loop(){
    Serial.pritln("Hello !! Welcome to Arduino world");
}
```

註解

程式的註解就是對代碼的解釋和說明，編寫註解有助於程式設計師(或其他人)了解代碼的功能。

Arduino 處理器在對程式碼進行編譯時會忽略註解的部份。

Arduino 語言中的編寫註解有兩種方式

```
//單行註解：這整行的文字會被處理器忽略
/*多行註解：
      在這個範圍內你可以
      寫  一篇  小說
  */
```

變數

程式中的變數與數學使用的變數相似，都是用某些符號或單字代替某些數值，從而得以方便計算過程。程式語言中的變數屬於識別字 (identifier) ， C 語言對於識別字有一定的命名規則，例如只能用英文大小寫字母、數字以及底線符號

其中，數字不能用作識別字的開頭，單一識別字裡不允許有空格，而如 int 、char 為 C 語言的關鍵字 (keyword) 之一，屬於程式語言的語法保留字，因此也不能用為自行定義的名稱。通常編譯器至少能讀取名稱的前 31 個字元，但外部名稱可能只能保證前六個字元有效。

變數使用前要先進行宣告 (declaration) ，宣告的主要目的是告訴編譯器這個變數屬於哪一種資料型態，好讓編譯器預先替該變數保留足夠的記憶體空間。宣告的方式很簡單，就是型態名稱後面接空格，然後是變數的識別名稱

常數

- ➢ HIGH | LOW
- ➢ INPUT | OUTPUT
- ➢ true | false
- ➢ Integer Constants

資料型態

- ➢ boolean
- ➢ char
- ➢ byte
- ➢ int
- ➢ unsigned int
- ➢ long
- ➢ unsigned long
- ➢ float
- ➢ double
- ➢ string
- ➢ array
- ➢ void

常數

在 Arduino 語言中事先定義了一些具特殊用途的保留字。HIGH 和 LOW 用來表示你開啟或是關閉了一個 Arduino 的腳位(pin)。INPUT 和 OUTPUT 用來指示這個 Arduino 的腳位(pin)是屬於輸入或是輸出用途。true 和 false 用來指示一個條件或表示式為真或是假。

變數

變數用來指定 Arduino 記憶體中的一個位置，變數可以用來儲存資料，程式人員可以透過程式碼去不限次數的操作變數的值。

因為 Arduino 是一個非常簡易的微處理器，但你要宣告一個變數時必須先定義他的資料型態，好讓微處理器知道準備多大的空間以儲存這個變數值。

Arduino 語言支援的資料型態:

布林 boolean

布林變數的值只能為真(true)或是假(false)

字元 char

單一字元例如 A，和一般的電腦做法一樣 Arduino 將字元儲存成一個數字，即使你看到的明明就是一個文字。

用數字表示一個字元時，它的值有效範圍為 -128 到 127。

PS：目前有兩種主流的電腦編碼系統 ASCII 和 UNICODE。

● ASCII 表示了 127 個字元， 用來在序列終端機和分時計算機之間傳輸文字。

● UNICODE 可表示的字量比較多，在現代電腦作業系統內它可以用來表示多國語言。

在位元數需求較少的資訊傳輸時，例如義大利文或英文這類由拉丁文，阿拉伯數字和一般常見符號構成的語言，ASCII 仍是目前主要用來交換資訊的編碼法。

位元組 byte

儲存的數值範圍為 0 到 255。如同字元一樣位元組型態的變數只需要用一個位元組(8 位元)的記憶體空間儲存。

整數 int

整數資料型態用到 2 位元組的記憶體空間，可表示的整數範圍為 - 32,768 到 32,767; 整數變數是 Arduino 內最常用到的資料型態。

整數 unsigned int

無號整數同樣利用 2 位元組的記憶體空間，無號意謂著它不能儲存負的數值，因此無號整數可表示的整數範圍為 0 到 65,535。

長整數 long

長整數利用到的記憶體大小是整數的兩倍，因此它可表示的整數範圍從 － 2,147,483,648 到 2,147,483,647。

長整數 unsigned long

無號長整數可表示的整數範圍為 0 到 4,294,967,295。

浮點數 float

浮點數就是用來表達有小數點的數值，每個浮點數會用掉四位元組的 RAM，注意晶片記憶體空間的限制，謹慎的使用浮點數。

雙精準度 浮點數 double

雙精度浮點數可表達最大值為 1.7976931348623157 x 10308。

字串 string

字串用來表達文字信息，它是由多個 ASCII 字元組成(你可以透過序串埠發送一個文字資訊或者將之顯示在液晶顯示器上)。字串中的每一個字元都用一個組元組空間儲存，並且在字串的最尾端加上一個空字元以提示 Ardunio 處理器字串的結束。下面兩種宣告方式是相同的。

```
char word1 = "Arduino world"; // 7 字元 ＋1 空字元
char word2 = "Arduino is a good developed kit"; // 與上行相同
```

陣列 array

一串變數可以透過索引去直接取得。假如你想要儲存不同程度的 LED 亮度時，你可以宣告六個變數 light01，light02，light03，light04，light05，light06，但其實你有更好的選擇，例如宣告一個整數陣列變數如下：

```
int light = {0, 20, 40, 65, 80, 100};
```

"array" 這個字為沒有直接用在變數宣告，而是[]和{}宣告陣列。

控制指令

string(字串)

範例

```
char Str1[15];
char Str2[8] = {'a', 'r', 'd', 'u', 'i', 'n', 'o'};
char Str3[8] = {'a', 'r', 'd', 'u', 'i', 'n', 'o', '\0'};
char Str4[ ] = "arduino";
char Str5[8] = "arduino";
char Str6[15] = "arduino";
```

解釋如下：

- 在 Str1 中 聲明一個沒有初始化的字元陣列

- 在 Str2 中 聲明一個字元陣列(包括一個附加字元)，編譯器會自動添加所需的空字元

- 在 Str3 中 明確加入空字元

- 在 Str4 中 用引號分隔初始化的字串常數，編譯器將調整陣列的大小，以適應字串常量和終止空字元

- 在 Str5 中 初始化一個包括明確的尺寸和字串常量的陣列

- 在 Str6 中 初始化陣列，預留額外的空間用於一個較大的字串

空終止字元

一般來說，字串的結尾有一個空終止字元（ASCII 代碼 0）， 以此讓功能函數（例如 Serial.prinf()）知道一個字串的結束， 否則，他們將從記憶體繼續讀取後續位元組，而這些並不屬於所需字串的一部分。

這表示你的字串比你想要的文字包含更多的個字元空間， 這就是為什麼 Str2 和 Str5 需要八個字元， 即使 "Arduino" 只有七個字元 - 最後一個位置會自動填充空字元， str4 將自動調整為八個字元，包括一個額外的 null， 在 Str3 的，我們自己已經明確地包含了空字元(寫入 '\0')。

使用符號：單引號?還是雙引號?

● 定義字串時使用雙引號(例如 "ABC")，

● 定義一個單獨的字元時使用單引號(例如'A')

範例

字串測試範例(stringtest01)
| ```
char* myStrings[]={
  "This is string 1", "This is string 2", "This is string 3",
  "This is string 4", "This is string 5","This is string 6"};

void setup(){
  Serial.begin(9600);
}

void loop(){
  for (int i = 0; i < 6; i++){
    Serial.println(myStrings[i]);
    delay(500);
  }
}
``` |

char* 在字元資料類型 char 後跟了一個星號'*'表示這是一個 "指標" 陣列， 所有的陣列名稱實際上是指標，所以這需要一個陣列的陣列。
```

指標對於 C 語言初學者而言是非常深奧的部分之一， 但是目前我們沒有必要瞭解詳細指標，就可以有效地應用它。

型態轉換

- ➤ char()
- ➤ byte()
- ➤ int()
- ➤ long()
- ➤ float()

char()

指令用法

將資料轉程字元形態：

語法：char(x)

參數

x: 想要轉換資料的變數或內容

回傳

字元形態資料

unsigned char()

一個無符號資料類型佔用 1 個位元組的記憶體:與 byte 的資料類型相同，無符號的 char 資料類型能編碼 0 到 255 的數位，為了保持 Arduino 的程式設計風格的一致性，byte 資料類型是首選。

指令用法

將資料轉程字元形態：

語法：unsigned char(x)

參數

x: 想要轉換資料的變數或內容

回傳

字元形態資料

```
unsigned char myChar = 240;
```

byte()

指令用法

將資料轉換位元資料形態：

語法：byte(x)

參數

x: 想要轉換資料的變數或內容

回傳

位元資料形態的資料

int(x)

指令用法

將資料轉換整數資料形態：

語法：int(x)

參數

x: 想要轉換資料的變數或內容

回傳

整數資料形態的資料

unsigned int(x)

unsigned int(無符號整數)與整型資料同樣大小，佔據 2 位元組: 它只能用於存儲正數而不能存儲負數，範圍 0~65,535 (2^16) - 1)。

指令用法

將資料轉換整數資料形態：

語法：unsigned int(x)

參數

x: 想要轉換資料的變數或內容

回傳

整數資料形態的資料

```
unsigned int ledPin = 13;
```

long()

指令用法

將資料轉換長整數資料形態：

語法：int(x)

參數

x: 想要轉換資料的變數或內容

回傳

長整數資料形態的資料

unsigned long()

無符號長整型變數擴充了變數容量以存儲更大的資料，它能存儲 32 位元(4位元組)資料:與標準長整型不同無符號長整型無法存儲負數，其範圍從 0 到 4,294,967,295（2^32-1）。

指令用法

將資料轉換長整數資料形態：

語法：unsigned int(x)

參數

x: 想要轉換資料的變數或內容

回傳

長整數資料形態的資料

```
unsigned long time;

void setup()
{
    Serial.begin(9600);
}

void loop()
{
  Serial.print("Time: ");
  time = millis();
  //程式開始後一直列印時間
  Serial.println(time);
  //等待一秒鐘，以免發送大量的資料
  delay(1000);
}
```

float()

指令用法

將資料轉換浮點數資料形態：

語法：float(x)

參數

x: 想要轉換資料的變數或內容

回傳

浮點數資料形態的資料

邏輯控制

控制流程

if
if...else
for
switch case
while
do... while
break
continue
return

Ardunio 利用一些關鍵字控制程式碼的邏輯。

if … else

If 必須緊接著一個問題表示式(expression)，若這個表示式為真，緊連著表示式後的代碼就會被執行。若這個表示式為假，則執行緊接著 else 之後的代碼. 只使用 if 不搭配 else 是被允許的。

範例：

```
#define LED 12
```

```
void setup()
{
  int val =1;
  if (val == 1) {
  digitalWrite(LED,HIGH);
}
}
void loop()
{
}
```

for

用來明定一段區域代碼重覆指行的次數。

範例：

```
void setup()
{
  for (int i = 1; i < 9; i++) {
    Serial.print("2 * ");
    Serial.print(i);
    Serial.print(" = ");
    Serial.print(2*i);

  }
}
void loop()
{
}
```

switch case

if 敘述是程式裡的分叉選擇，switch case 是更多選項的分叉選擇。swith case 根據變數值讓程式有更多的選擇，比起一串冗長的 if 敘述，使用 swith case 可使程式代碼看起來比較簡潔。

範例：

```
void setup()
{
  int sensorValue;
    sensorValue = analogRead(1);
  switch (sensorValue) {

  case 10:
    digitalWrite(13,HIGH);
    break;

case 20:
  digitalWrite(12,HIGH);
  break;

default: //  以上條件都不符合時，預設執行的動作
    digitalWrite(12,LOW);
    digitalWrite(13,LOW);
}
}
void loop()
{
  }
```

while

當 while 之後的條件成立時，執行括號內的程式碼。

範例：

```
void setup()
{
  int sensorValue;
  //  當 sensor 值小於 256，閃爍 LED 1 燈
  sensorValue = analogRead(1);
  while (sensorValue < 256) {
    digitalWrite(13,HIGH);
```

```
    delay(100);
    digitalWrite(13,HIGH);
    delay(100);
    sensorValue = analogRead(1);
  }
}
void loop()
{
  }
```

do … while

和 while 相似，不同的是 while 前的那段程式碼會先被執行一次，不管特定的條件式為真或為假。因此若有一段程式代碼至少需要被執行一次，就可以使用 do…while 架構。

範例：

```
void setup()
{
  int sensorValue;
  do
  {
    digitalWrite(13,HIGH);
    delay(100);
    digitalWrite(13,HIGH);
    delay(100);
    sensorValue = analogRead(1);
  }
  while (sensorValue < 256);
}
void loop()
{
}
```

break

Break 讓程式碼跳離迴圈，並繼續執行這個迴圈之後的程式碼。此外，在 break 也用於分隔 switch case 不同的敘述。

範例：

```
void setup()
{
}
void loop()
{
  int sensorValue;
  do {
    // 按下按鈕離開迴圈
    if (digitalRead(7) == HIGH)
        break;
        digitalWrite(13,HIGH);
        delay(100);
        digitalWrite(13,HIGH);
        delay(100);
        sensorValue = analogRead(1);
  }
  while (sensorValue < 512);
}
```

continue

continue 用於迴圈之內，它可以強制跳離接下來的程式，並直接執行下一個迴圈。

範例：

```
#define PWMpin 12
#define Sensorpin 8
void setup()
{
}
void loop()
{
```

```
  int light;
  int x ;
  for (light = 0; light < 255; light++)
  {
      // 忽略數值介於 140 到 200 之間
        x = analogRead(Sensorpin) ;

    if ((x > 140) && (x < 200))
       continue;

    analogWrite(PWMpin, light);
    delay(10);

  }
}
```

return

函式的結尾可以透過 return 回傳一個數值。

例如，有一個計算現在溫度的函式叫 computeTemperature()，你想要回傳現在的溫度給 temperature 變數，你可以這樣寫：

```
#define PWMpin 12
#define Sensorpin 8

void setup()
{
}
void loop()
{
  int light;
  int x ;
  for (light = 0; light < 255; light++)
  {
    // 忽略數值介於 140 到 200 之間
    x = computeTemperature() ;
    if ((x > 140) && (x < 200))
```

```
        continue;

        analogWrite(PWMpin, light);
        delay(10);
    }
}
int computeTemperature() {

    int temperature = 0;
    temperature = (analogRead(Sensorpin) + 45) / 100;
        return temperature;
}
```

算術運算

算術符號

> =   (給值)
>
> +   (加法)
>
> -   (減法)
>
> *   (乘法)
>
> /   (除法)
>
> %   (求餘數)

　　你可以透過特殊的語法用 Arduino 去做一些複雜的計算。 + 和 - 就是一般數學上的加減法，乘法用*示，而除法用 /表示。

　　另外餘數除法(%)，用於計算整數除法的餘數值：一個整數除以另一個數，其餘數稱為模數，它有助於保持一個變數在一個特定的範圍(例如陣列的大小)。

　　語法：

> result = dividend % divisor

　　參數：

- dividend：一個被除的數字

- divisor：一個數字用於除以其他數

{}括號

你可以透過多層次的括弧去指定算術之間的循序。和數學函式不一樣，中括號和大括號在此被保留在不同的用途(分別為陣列索引，和宣告區域程式碼)。

範例：

```
#define PWMpin 12
#define Sensorpin 8

void setup()
{
        int sensorValue;
        int light;
        int remainder;

        sensorValue = analogRead(Sensorpin) ;
        light = ((12 * sensorValue) - 5 ) / 2;
        remainder = 3 % 2;

}
void loop()
{
}
```


比較運算

== (等於)

!= (不等於)

< (小於)

> (大於)

<= （小於等於）

>= （大於等於）

當你在指定 if,while, for 敘述句時，可以運用下面這個運算符號：

符號	意義	範例
==	等於	a==1
!=	不等於	a!=1
<	小於	a<1
>	大於	a>1
<=	小於等於	a<=1
>=	大於等於	a>=1

布林運算

➢ && (and)
➢ || (or)
➢ ! (not)

當你想要結合多個條件式時，可以使用布林運算符號。

例如你想要檢查從感測器傳回的數值是否於 5 到 10，你可以這樣寫：

```
#define PWMpin 12
#define Sensorpin 8
void setup()
{
}
void loop()
{
  int light;
```

```
int sensor ;
for (light = 0; light < 255; light++)
{
        // 忽略數值介於 140 到 200 之間
        sensor = analogRead(Sensorpin) ;

if ((sensor >= 5) && (sensor <=10))
      continue;

      analogWrite(PWMpin, light);
    delay(10);
 }
}
```

這裡有三個運算符號: 交集(and)用 **&&** 表示; 聯集(or)用 ‖ 表示; 反相(finally not)用 !表示。

複合運算符號：有一般特殊的運算符號可以使程式碼比較簡潔，例如累加運算符號。

例如將一個值加 1，你可以這樣寫:

```
Int value = 10 ;
value = value + 1 ;
```

你也可以用一個復合運算符號累加(++)：

```
Int value = 10 ;
value ++;
```

複合運算符號

➢   ++ (increment)
➢   -- (decrement)
➢   += (compound addition)

- ➢ -= (compound subtraction)
- ➢ *= (compound multiplication)
- ➢ /= (compound division)

累加和遞減 (++ 和 --)

當你在累加 1 或遞減 1 到一個數值時。請小心 i++ 和 ++i 之間的不同。如果你用的是 i++，i 會被累加並且 i 的值等於 i+1；但當你使用 ++i 時，i 的值等於 i，直到這行指令被執行完時 i 再加 1。同理應用於 - - 。

+= , - =, *= and /=

這些運算符號可讓表示式更精簡，下面二個表示式是等價的：

```
Int value = 10 ;
value   = value +5 ;      // (此兩者都是等價)
value   += 5 ;            // (此兩者都是等價)
```

輸入輸出腳位設定

數位訊號輸出/輸入

- ➢ pinMode()
- ➢ digitalWrite()
- ➢ digitalRead()

類比訊號輸出/輸入

- ➢ analogRead()
- ➢ analogWrite() - PWM

Arduino 內含了一些處理輸出與輸入的切換功能，相信已經從書中程式範例略知一二。

pinMode(pin, mode)

將數位腳位(digital pin)指定為輸入或輸出。

範例

```
#define sensorPin 7
#define PWNPin 8
void setup()
{
pinMode(sensorPin,INPUT); // 將腳位 sensorPin (7) 定為輸入模式
}
void loop()
{
}
```

digitalWrite(pin, value)

將數位腳位指定為開或關。腳位必須先透過 pinMode 明示為輸入或輸出模式 digitalWrite 才能生效。

範例：

```
#define PWNPin 8
#define sensorPin 7
void setup()
{
digitalWrite (PWNPin,OUTPUT); // 將腳位 PWNPin (8) 定為輸入模式
}
void loop()
{}
```

int digitalRead(pin)

將輸入腳位的值讀出，當感測到腳位處於高電位時時回傳 HIGH，否則回傳 LOW。

範例：

```
#define PWNPin 8
#define sensorPin 7
void setup()
{
    pinMode(sensorPin,INPUT); // 將腳位 sensorPin (7) 定為輸入模式
    val = digitalRead(7); // 讀出腳位 7 的值並指定給 val
}
void loop()
{
}
```

int analogRead(pin)

讀出類比腳位的電壓並回傳一個 0 到 1023 的數值表示相對應的 0 到 5 的電壓值。

範例：

```
#define PWNPin 8
#define sensorPin 7
void setup()
{
    pinMode(sensorPin,INPUT); // 將腳位 sensorPin (7) 定為輸入模式
    val = analogRead (7); // 讀出腳位 7 的值並指定給 val
}
void loop()
{
}
```

analogWrite(pin, value)

改變 PWM 腳位的輸出電壓值，腳位通常會在 3、5、6、9、10 與 11。value 變數範圍 0-255，例如：輸出電壓 2.5 伏特（V），該值大約是 128。

範例：

```
#define PWNPin 8
#define sensorPin 7
void setup()
{
analogWrite (PWNPin,OUTPUT); // 將腳位 PWNPin (8) 定為輸入模式
}
void loop()
{     }
```

進階 I/O

- ➢ tone()
- ➢ noTone()
- ➢ shiftOut()
- ➢ pulseIn()

tone(Pin)

使用 Arduino 開發板，使用一個 Digital Pin(數位接腳)連接喇叭，如本例子是接在數位接腳 13(Digital Pin 13)，讀者也可將喇叭接在您想要的腳位，只要將下列程式作對應修改，可以產生想要的音調。

範例：

```
#include <Tone.h>

Tone tone1;

void setup()
{
  tone1.begin(13);
  tone1.play(NOTE_A4);
```

```
}

void loop()
{
}
```

表 10 Tone 頻率表

常態變數	頻率(Frequency (Hz))
NOTE_B2	123
NOTE_C3	131
NOTE_CS3	139
NOTE_D3	147
NOTE_DS3	156
NOTE_E3	165
NOTE_F3	175
NOTE_FS3	185
NOTE_G3	196
NOTE_GS3	208
NOTE_A3	220
NOTE_AS3	233
NOTE_B3	247
NOTE_C4	262
NOTE_CS4	277

常態變數	頻率(Frequency (Hz))
NOTE_D4	294
NOTE_DS4	311
NOTE_E4	330
NOTE_F4	349
NOTE_FS4	370
NOTE_G4	392
NOTE_GS4	415
NOTE_A4	440
NOTE_AS4	466
NOTE_B4	494
NOTE_C5	523
NOTE_CS5	554
NOTE_D5	587
NOTE_DS5	622
NOTE_E5	659
NOTE_F5	698
NOTE_FS5	740
NOTE_G5	784
NOTE_GS5	831
NOTE_A5	880
NOTE_AS5	932

常態變數	頻率(Frequency (Hz))
NOTE_B5	988
NOTE_C6	1047
NOTE_CS6	1109
NOTE_D6	1175
NOTE_DS6	1245
NOTE_E6	1319
NOTE_F6	1397
NOTE_FS6	1480
NOTE_G6	1568
NOTE_GS6	1661
NOTE_A6	1760
NOTE_AS6	1865
NOTE_B6	1976
NOTE_C7	2093
NOTE_CS7	2217
NOTE_D7	2349
NOTE_DS7	2489
NOTE_E7	2637
NOTE_F7	2794
NOTE_FS7	2960
NOTE_G7	3136

常態變數	頻率(Frequency (Hz))
NOTE_GS7	3322
NOTE_A7	3520
NOTE_AS7	3729
NOTE_B7	3951
NOTE_C8	4186
NOTE_CS8	4435
NOTE_D8	4699
NOTE_DS8	4978

資料來源：

https://code.google.com/p/rogue-code/wiki/ToneLibraryDocumentation#Ugly_Details

表 11 Tone 音階頻率對照表

音階	常態變數	頻率(Frequency (Hz))
低音 Do	NOTE_C4	262
低音 Re	NOTE_D4	294
低音 Mi	NOTE_E4	330
低音 Fa	NOTE_F4	349
低音 So	NOTE_G4	392
低音 La	NOTE_A4	440
低音 Si	NOTE_B4	494

音階	常態變數	頻率(Frequency (Hz))
中音 Do	NOTE_C5	523
中音 Re	NOTE_D5	587
中音 Mi	NOTE_E5	659
中音 Fa	NOTE_F5	698
中音 So	NOTE_G5	784
中音 La	NOTE_A5	880
中音 Si	NOTE_B5	988
高音 Do	NOTE_C6	1047
高音 Re	NOTE_D6	1175
高音 Mi	NOTE_E6	1319
高音 Fa	NOTE_F6	1397
高音 So	NOTE_G6	1568
高音 La	NOTE_A6	1760
高音 Si	NOTE_B6	1976
高高音 Do	NOTE_C7	2093

資料來源：

https://code.google.com/p/rogue-code/wiki/ToneLibraryDocumentation#Ugly_Details

圖 58 Tone 接腳圖

資料來源：

https://code.google.com/p/rogue-code/wiki/ToneLibraryDocumentation#Ugly_Details

圖 59 Arduino 喇吧接線圖

Mario 音樂範例：

```
/*
    Arduino Mario Bros Tunes
    With Piezo Buzzer and PWM
    by: Dipto Pratyaksa
    last updated: 31/3/13
*/
#include <pitches.h>

#define melodyPin 3
//Mario main theme melody
int melody[] = {
    NOTE_E7, NOTE_E7, 0, NOTE_E7,
    0, NOTE_C7, NOTE_E7, 0,
    NOTE_G7, 0, 0,   0,
    NOTE_G6, 0, 0, 0,

    NOTE_C7, 0, 0, NOTE_G6,
    0, 0, NOTE_E6, 0,
    0, NOTE_A6, 0, NOTE_B6,
    0, NOTE_AS6, NOTE_A6, 0,

    NOTE_G6, NOTE_E7, NOTE_G7,
    NOTE_A7, 0, NOTE_F7, NOTE_G7,
    0, NOTE_E7, 0,NOTE_C7,
    NOTE_D7, NOTE_B6, 0, 0,

    NOTE_C7, 0, 0, NOTE_G6,
    0, 0, NOTE_E6, 0,
    0, NOTE_A6, 0, NOTE_B6,
    0, NOTE_AS6, NOTE_A6, 0,

    NOTE_G6, NOTE_E7, NOTE_G7,
    NOTE_A7, 0, NOTE_F7, NOTE_G7,
    0, NOTE_E7, 0,NOTE_C7,
    NOTE_D7, NOTE_B6, 0, 0
};
//Mario main them tempo
int tempo[] = {
    12, 12, 12, 12,
```

```
  12, 12, 12, 12,
  12, 12, 12, 12,
  12, 12, 12, 12,

  12, 12, 12, 12,
  12, 12, 12, 12,
  12, 12, 12, 12,
  12, 12, 12, 12,

  9, 9, 9,
  12, 12, 12, 12,
  12, 12, 12, 12,
  12, 12, 12, 12,

  12, 12, 12, 12,
  12, 12, 12, 12,
  12, 12, 12, 12,
  12, 12, 12, 12,

  9, 9, 9,
  12, 12, 12, 12,
  12, 12, 12, 12,
  12, 12, 12, 12,
};

//

//Underworld melody
int underworld_melody[] = {
  NOTE_C4, NOTE_C5, NOTE_A3, NOTE_A4,
  NOTE_AS3, NOTE_AS4, 0,
  0,
  NOTE_C4, NOTE_C5, NOTE_A3, NOTE_A4,
  NOTE_AS3, NOTE_AS4, 0,
  0,
  NOTE_F3, NOTE_F4, NOTE_D3, NOTE_D4,
  NOTE_DS3, NOTE_DS4, 0,
  0,
  NOTE_F3, NOTE_F4, NOTE_D3, NOTE_D4,
```

```
    NOTE_DS3, NOTE_DS4, 0,
    0, NOTE_DS4, NOTE_CS4, NOTE_D4,
    NOTE_CS4, NOTE_DS4,
    NOTE_DS4, NOTE_GS3,
    NOTE_G3, NOTE_CS4,
    NOTE_C4, NOTE_FS4,NOTE_F4, NOTE_E3, NOTE_AS4, NOTE_A4,
    NOTE_GS4, NOTE_DS4, NOTE_B3,
    NOTE_AS3, NOTE_A3, NOTE_GS3,
    0, 0, 0
};
//Underwolrd tempo
int underworld_tempo[] = {
    12, 12, 12, 12,
    12, 12, 6,
    3,
    12, 12, 12, 12,
    12, 12, 6,
    3,
    12, 12, 12, 12,
    12, 12, 6,
    3,
    12, 12, 12, 12,
    12, 12, 6,
    6, 18, 18, 18,
    6, 6,
    6, 6,
    6, 6,
    18, 18, 18,18, 18, 18,
    10, 10, 10,
    10, 10, 10,
    3, 3, 3
};

void setup(void)
{
    pinMode(3, OUTPUT);//buzzer
    pinMode(13, OUTPUT);//led indicator when singing a note

}
```

```
void loop()
{
//sing the tunes
    sing(1);
    sing(1);
    sing(2);
}
int song = 0;

void sing(int s){
    // iterate over the notes of the melody:
    song = s;
    if(song==2){
        Serial.println(" 'Underworld Theme'");
        int size = sizeof(underworld_melody) / sizeof(int);
        for (int thisNote = 0; thisNote < size; thisNote++) {

            // to calculate the note duration, take one second
            // divided by the note type.
            //e.g. quarter note = 1000 / 4, eighth note = 1000/8, etc.
            int noteDuration = 1000/underworld_tempo[thisNote];

            buzz(melodyPin, underworld_melody[thisNote],noteDuration);

            // to distinguish the notes, set a minimum time between them.
            // the note's duration + 30% seems to work well:
            int pauseBetweenNotes = noteDuration * 1.30;
            delay(pauseBetweenNotes);

            // stop the tone playing:
            buzz(melodyPin, 0,noteDuration);

        }

    }else{

        Serial.println(" 'Mario Theme'");
        int size = sizeof(melody) / sizeof(int);
        for (int thisNote = 0; thisNote < size; thisNote++) {
```

```
            // to calculate the note duration, take one second
            // divided by the note type.
            //e.g. quarter note = 1000 / 4, eighth note = 1000/8, etc.
            int noteDuration = 1000/tempo[thisNote];

            buzz(melodyPin, melody[thisNote],noteDuration);

            // to distinguish the notes, set a minimum time between them.
            // the note's duration + 30% seems to work well:
            int pauseBetweenNotes = noteDuration * 1.30;
            delay(pauseBetweenNotes);

            // stop the tone playing:
            buzz(melodyPin, 0,noteDuration);


        }
    }
}

void buzz(int targetPin, long frequency, long length) {
    digitalWrite(13,HIGH);
    long delayValue = 1000000/frequency/2; // calculate the delay value between
transitions
    //// 1 second's worth of microseconds, divided by the frequency, then split in half since
    //// there are two phases to each cycle
    long numCycles = frequency * length/ 1000; // calculate the number of cycles for
proper timing
    //// multiply frequency, which is really cycles per second, by the number of seconds to
    //// get the total number of cycles to produce
    for (long i=0; i < numCycles; i++){ // for the calculated length of time...
        digitalWrite(targetPin,HIGH); // write the buzzer pin high to push out the diaphram
        delayMicroseconds(delayValue); // wait for the calculated delay value
        digitalWrite(targetPin,LOW); // write the buzzer pin low to pull back the diaphram
        delayMicroseconds(delayValue); // wait again or the calculated delay value
    }
    digitalWrite(13,LOW);

}
```

```
/*************************************************
 * Public Constants
 *************************************************/

#define NOTE_B0   31
#define NOTE_C1   33
#define NOTE_CS1 35
#define NOTE_D1   37
#define NOTE_DS1 39
#define NOTE_E1   41
#define NOTE_F1   44
#define NOTE_FS1 46
#define NOTE_G1   49
#define NOTE_GS1 52
#define NOTE_A1   55
#define NOTE_AS1 58
#define NOTE_B1   62
#define NOTE_C2   65
#define NOTE_CS2 69
#define NOTE_D2   73
#define NOTE_DS2 78
#define NOTE_E2   82
#define NOTE_F2   87
#define NOTE_FS2 93
#define NOTE_G2   98
#define NOTE_GS2 104
#define NOTE_A2   110
#define NOTE_AS2 117
#define NOTE_B2   123
#define NOTE_C3   131
#define NOTE_CS3 139
#define NOTE_D3   147
#define NOTE_DS3 156
#define NOTE_E3   165
#define NOTE_F3   175
#define NOTE_FS3 185
#define NOTE_G3   196
#define NOTE_GS3 208
```

```
#define NOTE_A3   220
#define NOTE_AS3 233
#define NOTE_B3   247
#define NOTE_C4   262
#define NOTE_CS4 277
#define NOTE_D4   294
#define NOTE_DS4 311
#define NOTE_E4   330
#define NOTE_F4   349
#define NOTE_FS4 370
#define NOTE_G4   392
#define NOTE_GS4 415
#define NOTE_A4   440
#define NOTE_AS4 466
#define NOTE_B4   494
#define NOTE_C5   523
#define NOTE_CS5 554
#define NOTE_D5   587
#define NOTE_DS5 622
#define NOTE_E5   659
#define NOTE_F5   698
#define NOTE_FS5 740
#define NOTE_G5   784
#define NOTE_GS5 831
#define NOTE_A5   880
#define NOTE_AS5 932
#define NOTE_B5   988
#define NOTE_C6   1047
#define NOTE_CS6 1109
#define NOTE_D6   1175
#define NOTE_DS6 1245
#define NOTE_E6   1319
#define NOTE_F6   1397
#define NOTE_FS6 1480
#define NOTE_G6   1568
#define NOTE_GS6 1661
#define NOTE_A6   1760
#define NOTE_AS6 1865
#define NOTE_B6   1976
```

```
#define NOTE_C7    2093
#define NOTE_CS7 2217
#define NOTE_D7    2349
#define NOTE_DS7 2489
#define NOTE_E7    2637
#define NOTE_F7    2794
#define NOTE_FS7 2960
#define NOTE_G7    3136
#define NOTE_GS7 3322
#define NOTE_A7    3520
#define NOTE_AS7 3729
#define NOTE_B7    3951
#define NOTE_C8    4186
#define NOTE_CS8 4435
#define NOTE_D8    4699
#define NOTE_DS8 4978
```

shiftOut(dataPin, clockPin, bitOrder, value)

把資料傳給用來延伸數位輸出的暫存器，函式使用一個腳位表示資料、一個腳位表示時脈。bitOrder 用來表示位元間移動的方式（LSBFIRST 最低有效位元或是 MSBFIRST 最高有效位元），最後 value 會以 byte 形式輸出。此函式通常使用在延伸數位的輸出。

範例：

```
#define dataPin 8
#define clockPin 7
void setup()
{
shiftOut(dataPin, clockPin, LSBFIRST, 255);
}
void loop()
{    }
```

unsigned long pulseIn(pin, value)

設定讀取腳位狀態的持續時間，例如使用紅外線、加速度感測器測得某一項數值時，在時間單位內不會改變狀態。

範例 :

```
#define dataPin 8
#define pulsein 7
void setup()
{
Int time ;
time = pulsein(pulsein,HIGH); // 設定腳位 7 的狀態在時間單位內保持為 HIGH
}
void loop()
{     }
```

時間函式

➢   millis()
➢   micros()
➢   delay()
➢   delayMicroseconds()

控制與計算晶片執行期間的時間

unsigned long millis()

回傳晶片開始執行到目前的毫秒

範例:

```
int   lastTime ,duration;
void setup()
```

```
{
  lastTime = millis() ;
}
void loop()
{
  duration = -lastTime; //  表示自"lastTime"至當下的時間
}
```

delay(ms)

暫停晶片執行多少毫秒

範例:

```
void setup()
{
  Serial.begin(9600);
}
void loop()
{
  Serial.print(millis()) ;
  delay(500); //暫停半秒（500 毫秒）
}
```

「毫」是 10 的負 3 次方的意思，所以「毫秒」就是 10 的負 3 次方秒，也就是

0.001 秒，參考**錯誤! 找不到參照來源。**

表 12 常用單位轉換表

符號	中文	英文	符號意義
p	微微	pico	10 的負 12 次方
n	奈	nano	10 的負 9 次方
u	微	micro	10 的負 6 次方
m	毫	milli	10 的負 3 次方

符號	中文	英文	符號意義
K	仟	kilo	10 的 3 次方
M	百萬	mega	10 的 6 次方
G	十億	giga	10 的 9 次方
T	兆	tera	10 的 12 次方

delay Microseconds(us)

暫停晶片執行多少微秒

範例:

```
void setup()
{
    Serial.begin(9600);
}
void loop()
{
    Serial.print(millis()) ;
    delayMicroseconds (1000); //暫停半秒（500 毫秒）
}
```

數學函式

- ➢ min()
- ➢ max()
- ➢ abs()
- ➢ constrain()
- ➢ map()
- ➢ pow()
- ➢ sqrt()

三角函式以及基本的數學運算

min(x, y)

回傳兩數之間較小者

範例：

```
#define sensorPin1 7
#define sensorPin2 8
void setup()
{
  int val;
    pinMode(sensorPin1,INPUT); // 將腳位 sensorPin1 (7) 定為輸入模式
    pinMode(sensorPin2,INPUT); // 將腳位 sensorPin2 (8) 定為輸入模式
    val = min(analogRead (sensorPin1), analogRead (sensorPin2)) ;
}
void loop()
{    }
```

max(x, y)

回傳兩數之間較大者

範例：

```
#define sensorPin1 7
#define sensorPin2 8
void setup()
{
  int val;
  pinMode(sensorPin1,INPUT); // 將腳位 sensorPin1 (7) 定為輸入模式
  pinMode(sensorPin2,INPUT); // 將腳位 sensorPin2 (8) 定為輸入模式
  val = max (analogRead (sensorPin1), analogRead (sensorPin2)) ;
}
void loop()
{    }
```

abs(x)

回傳該數的絕對值，可以將負數轉正數。

範例：

```
#define sensorPin1 7
void setup()
{
  int val;
    pinMode(sensorPin1,INPUT); // 將腳位 sensorPin (7) 定為輸入模式
      val = abs(analogRead (sensorPin1)-500);
          // 回傳讀值-500 的絕對值
}
void loop()
{      }
```

constrain(x, a, b)

判斷 x 變數位於 a 與 b 之間的狀態。x 若小於 a 回傳 a；介於 a 與 b 之間回傳 x 本身；大於 b 回傳 b

範例：

```
#define sensorPin1 7
#define sensorPin2 8
#define sensorPin 12
void setup()
{
  int val;
  pinMode(sensorPin1,INPUT); // 將腳位 sensorPin1 (7) 定為輸入模式
  pinMode(sensorPin2,INPUT); // 將腳位 sensorPin2 (8) 定為輸入模式
  pinMode(sensorPin,INPUT); // 將腳位 sensorPin (12) 定為輸入模式
  val = constrain(analogRead(sensorPin), analogRead (sensorPin1), analogRead
(sensorPin2)) ;
    // 忽略大於 255 的數
}
```

```
void loop()
{
}
```

map(value, fromLow, fromHigh, toLow, toHigh)

將 value 變數依照 fromLow 與 fromHigh 範圍，對等轉換至 toLow 與 toHigh 範圍。
時常使用於讀取類比訊號，轉換至程式所需要的範圍值。

例如：

```
#define sensorPin1 7
#define sensorPin2 8
#define sensorPin 12
void setup()
{
  int val;
  pinMode(sensorPin1,INPUT); // 將腳位 sensorPin1 (7) 定為輸入模式
  pinMode(sensorPin2,INPUT); // 將腳位 sensorPin2 (8) 定為輸入模式
  pinMode(sensorPin,INPUT); // 將腳位 sensorPin (12) 定為輸入模式
  val = map(analogRead(sensorPin), analogRead (sensorPin1), analogRead
(sensorPin2),0,100) ;
 // 將 analog0 所讀取到的訊號對等轉換至 100 – 200 之間的數值
}
void loop()
{        }
```

double pow(base, exponent)

回傳一個數(base)的指數(exponent)值。

範例：

```
int y=2;
double x = pow(y, 32); // 設定 x 為 y 的 32 次方
```

double sqrt(x)

回傳 double 型態的取平方根值。

範例：

```
int y=2123;
double x = sqrt (y);    // 回傳 2123 平方根的近似值
```

三角函式

➢ sin()

➢ cos()

➢ tan()

double sin(rad)

回傳角度（radians）的三角函式 sine 值。

範例：

```
int y=45;
double sine = sin (y);   // 近似值 0.70710678118654
```

double cos(rad)

回傳角度（radians）的三角函式 cosine 值。

範例：

```
int y=45;
double cosine = cos (y);   // 近似值 0.70710678118654
```

double tan(rad)

回傳角度（radians）的三角函式 tangent 值。

範例：

```
int y=45;
double tangent = tan (y);    // 近似值 1
```

亂數函式

> randomSeed()
> random()

本函數是用來產生亂數用途：

randomSeed(seed)

事實上在 Arduino 裡的亂數是可以被預知的。所以如果需要一個真正的亂數，可以呼叫此函式重新設定產生亂數種子。你可以使用亂數當作亂數的種子，以確保數字以隨機的方式出現，通常會使用類比輸入當作亂數種子，藉此可以產生與環境有關的亂數。

範例：

```
#define sensorPin 7
void setup()
{
randomSeed(analogRead(sensorPin)); // 使用類比輸入當作亂數種子
}
void loop()
```

```
{
}
```

long random(min, max)

回傳指定區間的亂數，型態為 long。如果沒有指定最小值，預設為 0。

範例：

```
#define sensorPin 7
long randNumber;
void setup(){
    Serial.begin(9600);
    // if analog input pin sensorPin(7) is unconnected, random analog
    // noise will cause the call to randomSeed() to generate
    // different seed numbers each time the sketch runs.
    // randomSeed() will then shuffle the random function.
    randomSeed(analogRead(sensorPin));
}
void loop() {
    // print a random number from 0 to 299
    randNumber = random(300);
    Serial.println(randNumber);

    // print a random number from   0 to 100
    randNumber = random(0, 100);   // 回傳 0 - 99 之間的數字
    Serial.println(randNumber);
    delay(50);
}
```

通訊函式

你可以在許多例子中，看見一些使用序列埠與電腦交換資訊的範例，以下是函式解釋。

Serial.begin(speed)

你可以指定 Arduino 從電腦交換資訊的速率，通常我們使用 9600 bps。當然也可以使用其他的速度，但是通常不會超過 115,200 bps（每秒位元組）。

範例：

```
void setup() {
    Serial.begin(9600);          // open the serial port at 9600 bps:
}
void loop() {
  }
```

Serial.print(data)

Serial.print(data, 格式字串(encoding))

經序列埠傳送資料，提供編碼方式的選項。如果沒有指定，預設以一般文字傳送。

範例：

```
int x = 0;      // variable

void setup() {
    Serial.begin(9600);          // open the serial port at 9600 bps:
}

void loop() {
    // print labels
    Serial.print("NO FORMAT");          // prints a label
    Serial.print("\t");                 // prints a tab
    Serial.print("DEC");
    Serial.print("\t");
    Serial.print("HEX");
    Serial.print("\t");
    Serial.print("OCT");
    Serial.print("\t");
    Serial.print("BIN");
```

```
    Serial.print("\t");
}
```

Serial.println(data)

Serial.println(data, ,格式字串(encoding))

與 Serial.print()相同，但會在資料尾端加上換行字元（　）。意思如同你在鍵盤上打了一些資料後按下 Enter。

範例：

```
int x = 0;      // variable
void setup() {
    Serial.begin(9600);       // open the serial port at 9600 bps:
}
void loop() {
    // print labels
    Serial.print("NO FORMAT");        // prints a label
    Serial.print("\t");               // prints a tab
    Serial.print("DEC");
    Serial.print("\t");
    Serial.print("HEX");
    Serial.print("\t");
    Serial.print("OCT");
    Serial.print("\t");
    Serial.print("BIN");
    Serial.print("\t");

    for(x=0; x< 64; x++){      // only part of the ASCII chart, change to suit
        // print it out in many formats:
        Serial.print(x);          // print as an ASCII-encoded decimal - same as "DEC"
        Serial.print("\t");       // prints a tab
        Serial.print(x, DEC);     // print as an ASCII-encoded decimal
        Serial.print("\t");       // prints a tab
        Serial.print(x, HEX);     // print as an ASCII-encoded hexadecimal
        Serial.print("\t");       // prints a tab
```

```
    Serial.print(x, OCT);     // print as an ASCII-encoded octal
    Serial.print("\t");       // prints a tab
    Serial.println(x, BIN);   // print as an ASCII-encoded binary
    //                        then adds the carriage return with "println"
    delay(200);               // delay 200 milliseconds
  }
  Serial.println("");         // prints another carriage return
}
```

格式字串(encoding)

Arduino 的 print()和 println()，在列印內容時，可以指定列印內容使用哪一種格式列印，若不指定，則以原有內容列印。

列印格式如下：

1. BIN(二進位，或以 2 為基數)，

2. OCT(八進制，或以 8 為基數)，

3. DEC(十進位，或以 10 為基數)，

4. HEX(十六進位，或以 16 為基數)。

使用範例如下：

- Serial.print(78,BIN)輸出為 "1001110"

- Serial.print(78,OCT)輸出為 "116"

- Serial.print(78,DEC)輸出為 "78"

- Serial.print(78,HEX)輸出為 "4E"

對於浮點型數位，可以指定輸出的小數數位。例如

- Serial.println(1.23456,0)輸出為 "1"

- Serial.println(1.23456,2)輸出為 "1.23"

- Serial.println(1.23456,4)輸出為 "1.2346"

Print & Println 列印格式(printformat01)

```
/*
使用 for 迴圈列印一個數字的各種格式。
*/
int x = 0;      // 定義一個變數並賦值

void setup() {
  Serial.begin(9600);        // 打開串口傳輸，並設置串列傳輸速率為 9600
}

void loop() {
  ///列印標籤
  Serial.print("NO FORMAT");        // 列印一個標籤
  Serial.print("\t");               // 列印一個轉義字元

  Serial.print("DEC");
  Serial.print("\t");

  Serial.print("HEX");
  Serial.print("\t");

  Serial.print("OCT");
  Serial.print("\t");

  Serial.print("BIN");
  Serial.print("\t");

  for(x=0; x< 64; x++){     // 列印 ASCII 碼表的一部分, 修改它的格式得到需要
的內容

    //  列印多種格式:
    Serial.print(x);         // 以十進位格式將 x 列印輸出 - 與 "DEC"相同
    Serial.print("\t");      // 橫向跳格
```

```
    Serial.print(x, DEC);   // 以十進位格式將 x 列印輸出
    Serial.print("\t");      // 橫向跳格

    Serial.print(x, HEX);   // 以十六進位格式列印輸出
    Serial.print("\t");      // 橫向跳格

    Serial.print(x, OCT);   // 以八進制格式列印輸出
    Serial.print("\t");      // 橫向跳格

    Serial.println(x, BIN); // 以二進位格式列印輸出
    //                              然後用 "println"列印一個回車
    delay(200);             // 延時 200ms
  }
  Serial.println("");        // 列印一個空字元，並自動換行
}
```

int Serial.available()

回傳有多少位元組（bytes）的資料尚未被 read()函式讀取，如果回傳值是 0 代表所有序列埠上資料都已經被 read()函式讀取。

範例：

```
int incomingByte = 0;    // for incoming serial data
 void setup() {
        Serial.begin(9600);       // opens serial port, sets data rate to 9600 bps
 }
 void loop() {
        // send data only when you receive data:
        if (Serial.available() > 0) {
               // read the incoming byte:
               incomingByte = Serial.read();
               // say what you got:
               Serial.print("I received: ");
               Serial.println(incomingByte, DEC);

        }

}
```

int Serial.read()

以 byte 方式讀取 1byte 的序列資料

範例：

```
int incomingByte = 0;     // for incoming serial data
void setup() {
   Serial.begin(9600);         // opens serial port, sets data rate to 9600 bps
}
void loop() {
   // send data only when you receive data:
   if (Serial.available() > 0) {
      // read the incoming byte:
      incomingByte = Serial.read();
      // say what you got:
      Serial.print("I received: ");
      Serial.println(incomingByte, DEC);
   }
}
```

int Serial.write()

以 byte 方式寫入資料到序列

範例：

```
void setup(){
   Serial.begin(9600);
}
void loop(){
   Serial.write(45); // send a byte with the value 45
      int bytesSent = Serial.write("hello Arduino , I am a beginner in the Arduino
world");
}
```

Serial.flush()

有時候因為資料速度太快，超過程式處理資料的速度，你可以使用此函式清除緩衝區內的資料。經過此函式可以確保緩衝區(buffer)內的資料都是最新的。

範例：

```
void setup(){
    Serial.begin(9600);
}
void loop(){
    Serial.write(45); // send a byte with the value 45
    int bytesSent = Serial.write("hello Arduino , I am a beginner in the Arduino world");
        Serial.flush();
    }
```

章節小結

本章節概略的介紹 Arduino 程式撰寫的語法、函式等介紹，接下來就是介紹本書主要的內容，讓我們拭目以待。

4

CHAPTER

簡單的實驗

Hello World

首先先來練習一個不需要其他輔助元件，只需要一塊 Arduino 開發板與 USB 下載線的簡單實驗。

首先，我要讓 Arduino 說出 "Hello World！"，這是一個讓 Arduino 開發板印出資訊在開發所用的個人電腦上的實驗，這也是一個入門試驗，希望可以帶領大家進入 Arduino 的世界。

如圖 60 所示，這個實驗我們需要用到的實驗硬體有圖 60.(a)的 Arduino Mega 2560 與圖 60.(b) USB 下載線：

(a).Arduino Mega 2560	(b). USB 下載線

圖 60 Hello World 所需材料表

我們遵照前幾章所述，將 Arduino 開發板的驅動程式安裝好之後，我們打開 Arduino 開發板的開發工具：Sketch IDE 整合開發軟體，編寫一段程式，如表 13 所示之"Hello World！" 程式，讓 Arduino 顯示 "Hello World！"

表 13 Hello World 程式

Hello World 程式(Hello_World)
int val;//定義變數 val

```
int ledpin=13;//定義 Led pin13
void setup()
{
Serial.begin(9600);
//設置串列傳輸速率為 9600 bps，這裏要跟 Sketch IDE 整合開發軟體設置一致。當
使用特定設備（如：藍牙）時，我們也要跟其他設備的串列傳輸速率達到一致。
pinMode(ledpin,OUTPUT);
//設置數位接腳 13 為輸出介面，Arduino 上我們用到的 I/O 口都要進行類似這樣
的定義。
}
void loop()
{
Serial.println("Hello World!");//顯示〝Hello World！〞字串
delay(500);
}
}
```

圖 61 Hello World 程式結果畫面

讀取使用者文字顯示於 USB 通訊監控畫面

如果使用者想要輸入一段字，讓 Arduino 開發板顯示這段字，本實驗仍只需要一塊 Arduino 開發板與 USB 下載線的簡單實驗。

首先，我要讓 Arduino 開發板讀取 USB 下載線，在開發所用的個人電腦上使用 Arduino 開發板的開發工具：Sketch IDE 整合開發軟體，在圖 62 之顯示於 USB 通訊監控畫面印出使用者輸入的資料，這也是一個入門試驗，希望可以帶領大家進入與 Arduino 開發板溝通的世界。

圖 62 USB 通訊監控畫面

如圖 63 所示，這個實驗我們需要用到的實驗硬體有圖 63.(a)的 Arduino Mega 2560 與圖 63.(b) USB 下載線：

(a).Arduino Mega 2560	(b). USB 下載線

圖 63 讀取 Serial Port 所需材料表

我們遵照前幾章所述，將 Arduino 開發板的驅動程式安裝好之後，我們打開 Arduino 開發板的開發工具：Sketch IDE 整合開發軟體，編寫一段程式，如表 14 所示之讀取使用者文字顯示於 USB 通訊監控畫面得程式，讓 Arduino 顯示 "This is a Book"

表 14 讀取使用者文字顯示於 USB 通訊監控畫面

讀取使用者文字顯示於 USB 通訊監控畫面(Read_String)

int val;//定義變數 val
int ledpin=13;//定義 Led pin13
int incomingByte = 0;   // for incoming serial data
 	
void setup()
{
Serial.begin(9600);
//設置串列傳輸速率為 9600 bps，這裏要跟 Sketch IDE 整合開發軟體設置一致。當使用特定設備（如：藍牙）時，我們也要跟其他設備的串列傳輸速率達到一致。
pinMode(ledpin,OUTPUT);
//設置數位接腳 13 為輸出介面，Arduino 上我們用到的 I/O 口都要進行類似這樣的定義。
}
void loop()
{
 	
        if (Serial.available() > 0) {

```
                    // read the incoming byte:
                    while (Serial.available() > 0)
                      {
                            incomingByte = Serial.read();
                            Serial.println((char)incomingByte);
                      }
                  }

}
```

圖 64 讀取使用者文字顯示於 USB 通訊監控畫面結果畫面

讀取使用者文字顯示十進位值於 USB 通訊監控畫面

如果使用者想要輸入一段字，讓 Arduino 開發板顯示這些字的 ASC II 十進位

值，本實驗仍只需要一塊 Arduino 開發板與 USB 下載線的簡單實驗。

首先，我要讓 Arduino 開發板讀取 USB 下載線，在開發所用的個人電腦上使用

Arduino 開發板的開發工具：Sketch IDE 整合開發軟體，在圖 65 之顯示於 USB 通訊監控畫面印出使用者輸入的資料，這也是一個入門試驗，希望可以帶領大家進入與 Arduino 開發板溝通的世界。

圖 65 USB 通訊監控畫面

如圖 66.所示，這個實驗我們需要用到的實驗硬體有圖 66.(a)的 Arduino Mega 2560 與圖 66..(b) USB 下載線：

| (a).Arduino Mega 2560 | (b). USB 下載線 |

圖 66 讀取 Serial Port 所需材料表

我們遵照前幾章所述，將 Arduino 開發板的驅動程式安裝好之後，我們打開

Arduino 開發板的開發工具：Sketch IDE 整合開發軟體，編寫一段程式，如表 15 所示之讀取使用者文字顯示十進位值於 USB 通訊監控畫面程式，讓 Arduino 以十進位內容方式，顯示 "This is a Book" 的 ASC II 內碼值。

表 15 讀取使用者文字顯示十進位值於 USB 通訊監控畫面

讀取使用者文字顯示十進位值於 USB 通訊監控畫面(Read_String2Dec)

```
int val;//定義變數 val
int ledpin=13;//定義 Led pin13
int incomingByte = 0;     // for incoming serial data

void setup()
{
Serial.begin(9600);
//設置串列傳輸速率為 9600 bps，這裏要跟 Sketch IDE 整合開發軟體設置一致。當
使用特定設備（如：藍牙）時，我們也要跟其他設備的串列傳輸速率達到一致。
pinMode(ledpin,OUTPUT);
//設置數位接腳 13 為輸出介面，Arduino 上我們用到的 I/O 口都要進行類似這樣
的定義。
}
void loop()
{

        if (Serial.available() > 0) {
              // read the incoming byte:
              while (Serial.available() > 0)
                {
                      incomingByte = Serial.read();
                     Serial.println(incomingByte,DEC);
                        //DEC    for arduino display data in Decimal format
                }
            }

}
```

圖 67 讀取使用者文字顯示十進位值於 USB 通訊監控畫面結果畫面

讀取使用者文字顯示十六進位值於 USB 通訊監控畫面

如果使用者想要輸入一段字，讓 Arduino 開發板顯示這些字的 ASC II 十六進位值，本實驗仍只需要一塊 Arduino 開發板與 USB 下載線的簡單實驗。

首先，我要讓 Arduino 開發板讀取 USB 下載線，在開發所用的個人電腦上使用 Arduino 開發板的開發工具：Sketch IDE 整合開發軟體，在圖 68 之顯示於 USB 通訊監控畫面印出使用者輸入的資料，這也是一個入門試驗，希望可以帶領大家進入與 Arduino 開發板溝通的世界。

圖 68 USB 通訊監控畫面

如圖 69.所示，這個實驗我們需要用到的實驗硬體有圖 69.(a)的 Arduino Mega 2560 與圖 69..(b) USB 下載線：

| (a).Arduino Mega 2560 | (b). USB 下載線 |

圖 69 讀取 Serial Port 所需材料表

我們遵照前幾章所述，將 Arduino 開發板的驅動程式安裝好之後，我們打開 Arduino 開發板的開發工具：Sketch IDE 整合開發軟體，編寫一段程式，如表 16

所示之讀取使用者文字顯示十六進位值於 USB 通訊監控畫面程式，讓 Arduino 以十

六進位內容方式，顯示 "This is a Book" 的 ASC II 內碼值。

表 16 讀取使用者文字顯示十六進位值於 USB 通訊監控畫面

讀取使用者文字顯示十六進位值於 USB 通訊監控畫面(Read_String2Hex)

```
int val;//定義變數 val
int ledpin=13;//定義 Led pin13
int incomingByte = 0;     // for incoming serial data

void setup()
{
Serial.begin(9600);
//設置串列傳輸速率為 9600 bps，這裏要跟 Sketch IDE 整合開發軟體設置一致。當
使用特定設備（如：藍牙）時，我們也要跟其他設備的串列傳輸速率達到一致。
pinMode(ledpin,OUTPUT);
//設置數位接腳 13 為輸出介面，Arduino 上我們用到的 I/O 口都要進行類似這樣
的定義。
}
void loop()
{

        if (Serial.available() > 0) {
            // read the incoming byte:
            while (Serial.available() > 0)
              {
                    incomingByte = Serial.read();
                    Serial.println(incomingByte,HEX);
                        //HEXfor arduino display data in Hexicimal format
              }
        }

}
```

圖 70 讀取使用者文字顯示十六進位值於 USB 通訊監控畫面結果畫面

讀取使用者文字顯示八進位值於 USB 通訊監控畫面

如果使用者想要輸入一段字，讓 Arduino 開發板顯示這些字的 ASC II 八進位值，本實驗仍只需要一塊 Arduino 開發板與 USB 下載線的簡單實驗。

首先，我要讓 Arduino 開發板讀取 USB 下載線，在開發所用的個人電腦上使用 Arduino 開發板的開發工具：Sketch IDE 整合開發軟體，在圖 71 USB 通訊監控畫面之顯示於 USB 通訊監控畫面印出使用者輸入的資料，這也是一個入門試驗，希望可以帶領大家進入與 Arduino 開發板溝通的世界。

圖 71 USB 通訊監控畫面

如圖 72.所示，這個實驗我們需要用到的實驗硬體有圖 72.(a)的 Arduino Mega 2560 與圖 72.(b) USB 下載線：

| (a).Arduino Mega 2560 | (b). USB 下載線 |

圖 72 讀取 Serial Port 所需材料表

我們遵照前幾章所述，將 Arduino 開發板的驅動程式安裝好之後，我們打開 Arduino 開發板的開發工具：Sketch IDE 整合開發軟體，編寫一段程式，如表 17

所示之讀取使用者文字顯示八進位值於 USB 通訊監控畫面程式，讓 Arduino 以八進

位內容方式，顯示 "This is a Book" 的 ASC II 內碼值。

表 17 讀取使用者文字顯示八進位值於 USB 通訊監控畫面

讀取使用者文字顯示八進位值於 USB 通訊監控畫面(Read_String2OCT)

int val;//定義變數 val
int ledpin=13;//定義 Led pin13
int incomingByte = 0;   // for incoming serial data
 	
void setup()
{
Serial.begin(9600);
//設置串列傳輸速率為 9600 bps，這裏要跟 Sketch IDE 整合開發軟體設置一致。當
使用特定設備（如：藍牙）時，我們也要跟其他設備的串列傳輸速率達到一致。
pinMode(ledpin,OUTPUT);
//設置數位接腳 13 為輸出介面，Arduino 上我們用到的 I/O 口都要進行類似這樣
的定義。
}
void loop()
{
 	
      if (Serial.available() > 0) {
        // read the incoming byte:
        while (Serial.available() > 0)
          {
            incomingByte = Serial.read();
            Serial.println(incomingByte,OCT);
              //OCT for arduino display data in OCT format
          }
        }
 	
}

圖 73 讀取使用者文字顯示八進位值於 USB 通訊監控畫面結果畫面

讓 Led 燈亮起來

Arduino 最入門的實驗,莫過於讓 LED 燈亮起來,本實驗除了一塊 Arduino 開發板與 USB 下載線之外,我們加入 LED 發光二極體與限流電阻的元件。

如圖 74 所示,這個實驗我們需要用到的實驗硬體有圖 74.(a)的 Arduino Mega 2560、圖 74.(b) USB 下載線、圖 74.(c) LED 發光二極體、圖 74.(d) 4.7k 歐姆電阻來限流電阻,避免電流太大,燒壞 LED 發光二極體。

(a).Arduino Mega 2560

(b). USB 下載線

(c). LED 發光二極體　　　　(d). 4.7k歐姆電阻

圖 74 讓 Led 燈亮起來所需材料表

　　我們遵照前幾章所述，將 Arduino 開發板的驅動程式安裝好之後，遵照圖 75 之電路圖進行組裝。

圖 75 讓 Led 燈亮起來線路圖

　　完成組裝後，我們打開 Arduino 開發板的開發工具：Sketch IDE 整合開發軟體，鍵入表 18 程式，讓 Arduino 開發板點亮 Led 燈 0.2 秒後，在熄滅 Led 燈 0.4 秒，如此重覆執行。

表 18 讓 Led 燈亮起來程式

讓 Led 燈亮起來程式(LedLight)

```
int val;//定義變數 val
int ledpin=8 ;//定義 Led pin8



void setup()
{
pinMode(ledpin,OUTPUT);
//設置數位接腳 13 為輸出介面，Arduino 上我們用到的 I/O 口都要進行類似這樣
的定義。
}
void loop()
{
  digitalWrite( ledpin,HIGH) ;
  delay(200);
  digitalWrite( ledpin,LOW) ;
  delay(400);



}
```

　　讀者也可以在作者 YouTube 頻道(https://www.youtube.com/user/UltimaBruce)中，在網址 https://www.youtube.com/watch?v=a1z-mgCUWVk&feature=youtu.be ，看到本次實驗-讓 Led 燈亮起來執行情形。

　　當然、如圖 76 所示，我們可以看到組立好的實驗圖，Arduino 開發板可以簡單控制 Led 發光二極體明滅。

圖 76 讓 Led 燈亮起來程式結果畫面

調整 Led 燈亮度

上章節中，Arduino 已經讓 LED 燈亮起來，我們還希望讓 LED 發光二極體的亮度依照我們的要求發亮，所以我們加入可可變電阻斷電位器）的零件與 PWM[8] 的概念。

如圖 77 所示，這個實驗我們需要用到的實驗硬體有圖 77.(a)的 Arduino Mega 2560、圖 77.(b) USB 下載線、圖 77.(c) LED 發光二極體、圖 77.(d) 4.7k 歐姆電阻來限流電阻，避免電流太大，燒壞 LED 發光二極體、圖 77.(e) 可變電阻器。

---

[8] 脈衝寬度調變（英語：Pulse Width Modulation，縮寫：PWM），簡稱脈寬調製，是將類比信號轉換為脈波的一種技術，一般轉換後脈波的週期固定，但脈波的占空比會依類比信號的大小而改變。(資料來源：W
iihttp://zh.wikipedia.org/wiki/%E8%84%88%E8%A1%9D%E5%AF%AC%E5%BA%A6%E8%AA%BF%E8%AE%8A)

(a).Arduino Mega 2560

(b). USB 下載線

(c). LED 發光二極體

(d). 4.7k 歐姆電阻*2

(e). 可變電阻器

圖 77 調整 Led 燈亮度所需材料表

我們遵照前幾章所述,將 Arduino 開發板的驅動程式安裝好之後,遵照圖 78
之電路圖進行組裝。

圖 78 調整 Led 燈亮度線路圖

完成組裝後，我們打開 Arduino 開發板的開發工具：Sketch IDE 整合開發軟體，鍵入表 19 程式，我們就可以轉動可變電阻來讓 Arduino 開發板控制發光二極體的亮度。

表 19 調整 Led 燈亮度程式

調整 Led 燈亮度程式(pwmLight)
int val;//定義變數 val
int ledpin=8 ;//定義 Led pin8
int potpin=1;//定義可便電組類比介面 0
void setup()
{
Serial.begin(9600);//設置串列傳輸速率為 9600
pinMode(ledpin,OUTPUT);
//設置數位接腳 13 為輸出介面，Arduino 上我們用到的 I/O 口都要進行類似這樣的定義。

```
}
void loop()
{
 val=analogRead(potpin);// 讀取感測器的模擬值並賦值給 val
  Serial.println(val);//顯示 val 變數
  analogWrite(ledpin,map(val,0,1023,0,255));// 打開 LED 並設置亮度（PWM 輸
_____出最大值 255）
  delay(10);//延時 0.01 秒


}
```

讀者也可以在作者 YouTube 頻道(https://www.youtube.com/user/UltimaBruce)中，在網址 https://www.youtube.com/watch?v=T-FgN-98QjA&feature=youtu.be ，看到本次實驗-讓 Led 燈亮起來執行情形。

當然、如圖 79 所示，我們可以看到組立好的實驗圖，我們已經可以使用可變電阻來讓 Arduino 開發板控制 Led 發光二極體明暗程度了。

圖 79 調整 Led 燈亮度結果畫面

用按鈕讓 Led 燈亮起來

前面作者已經使用 Arduino 開發板讓 LED 燈亮起來，但是，如果我們發現，如

果要讓 Led 發光二極體明滅的控制權，掌握在使用者的手裡，那上面的實驗就不足夠達到我們的目的。

　　本實驗除了一塊 Arduino 開發板與 USB 下載線之外，我們加入 LED 發光二極體與限流電阻的元件與按鈕模組(如圖 80.(e)所示)。

　　如圖 80 所示，這個實驗我們需要用到的實驗硬體有圖 80.(a)的 Arduino Mega 2560、圖 80.(b) USB 下載線、圖 80.(c) LED 發光二極體、圖 80.(d) 4.7k 歐姆電阻來限流電阻，避免電流太大，燒壞 LED 發光二極體與圖 80.(e)按鈕模組。

　　本實驗為了單純化每一個章節的實驗，每一個章節主題並不一口氣加入兩種元件，一般如圖 80.(e)按鈕模組，我們可以使用按鈕電路或 Bounce 的原理來達到避免使用圖 80.(e)按鈕模組的負擔，但是相對的卻要先行解釋更多的原理，為避免讀者初學時負擔太重，作者引入了圖 80.(e)按鈕模組來簡化本實驗。

(a).Arduino Mega 2560　　　　(b). USB 下載線　　　(c). LED 發光二極體

(d). 4.7k 歐姆電阻　　　　(e). 按鈕模組

圖 80 用按鈕讓 Led 燈亮起來所需材料表

　　我們遵照前幾章所述，將 Arduino 開發板的驅動程式安裝好之後，遵照圖 81 之電路圖進行組裝。

圖 81 用按鈕讓 Led 燈亮起來線路圖

完成組裝後，我們打開 Arduino 開發板的開發工具：Sketch IDE 整合開發軟體，
鍵入表 20 程式，我們發現，使用者必需按下圖 82 之按鈕模組，方能讓 Led 燈亮
起來，在除去壓住按鈕之後，馬上讓 Led 燈熄滅，如此重覆執行。

表 20 用按鈕讓 Led 燈亮起來程式

用按鈕讓 Led 燈亮起來程式(ButtonLedLight)

int val;//定義變數 val
int buttonpin=7 ;//定義 button pin8
int ledpin=8 ;//定義 Led pin8
 	
void setup()
{
pinMode(buttonpin,INPUT);
pinMode(ledpin,OUTPUT);
//設置數位接腳 8 為輸出介面，Arduino 上我們用到的 I/O 口都要進行類似這樣的
定義。
}
void loop()

```
{
    if (digitalRead(buttonpin) == LOW)    //Low for button is open
        {
            digitalWrite( ledpin,HIGH) ;
        }
    else
        {
            digitalWrite( ledpin,LOW) ;
        }


}
```

　　讀者也可以在作者 YouTube 頻道(https://www.youtube.com/user/UltimaBruce)中，
在網址 https://www.youtube.com/watch?v=xYCRS0Jt_CE&feature=youtu.be ，看到本次
實驗-讓 Led 燈亮起來執行情形。

　　當然、如圖 82 所示，我們可以看到組立好的實驗圖，Arduino 開發板可以透
過使用者壓、放按鈕來控制 Led 發光二極體明滅。

圖 82 用按鈕讓 Led 燈亮起來結果畫面

用按鈕控制紅綠燈亮起來

前面作者已經使用按鈕讓 LED 燈亮起來，我們發現如果使用三個 Led 發光二極體明滅，那我們可以來控制紅綠燈的閃爍，如同交通警察在十字路口控制紅綠燈的閃爍與否，本實驗將達到此目的。

本實驗除了一塊 Arduino 開發板與 USB 下載線之外，我們加入 LED 發光二極體與限流電阻的元件與按鈕模組(如圖 83.(e)所示)。

如圖 83 所示，這個實驗我們需要用到的實驗硬體有圖 83.(a)的 Arduino Mega 2560、圖 83.(b) USB 下載線、圖 83.(c) LED 發光二極體*3、圖 83.(d) 4.7k 歐姆電阻*3 來限流電阻，避免電流太大，燒壞 LED 發光二極體與圖 83.(e)按鈕模組。

本實驗為了單純化每一個章節的實驗，每一個章節主題並不一口氣加入兩種元件，一般如圖 83.(e)按鈕模組，我們可以使用按鈕電路或 Bounce 的原理來達到避免使用圖 83.(e)按鈕模組的負擔，但是相對的卻要先行解釋更多的原理，為避免讀者初學時負擔太重，作者引入了圖 83.(e)按鈕模組來簡化本實驗。

(a).Arduino Mega 2560　　(b). USB 下載線　　(c). LED 發光二極體*3

(d). 4.7k 歐姆電阻*3　　(e). 按鈕模組

圖 83 用按鈕讓 3Led 燈亮起來所需材料表

我們遵照前幾章所述，將 Arduino 開發板的驅動程式安裝好之後，遵照圖 84
之電路圖進行組裝。

圖 84 用按鈕讓 3Led 燈亮起來線路圖

完成組裝後，我們打開 Arduino 開發板的開發工具：Sketch IDE 整合開發軟體，
鍵入表 21 程式，我們發現，使用者必需按下圖 85 之按鈕模組，方能讓 Led 燈亮
起來，在除去壓住按鈕之後，馬上讓 Led 燈熄滅，如此重覆執行。

表 21 用按鈕讓 3Led 燈亮起來程式

用按鈕讓 3Led 燈亮起來程式(ButtonLed3Light)
int val;//定義變數 val
int buttonpin=7 ;//定義 button pin8
int redledpin=8 ;//定義 Led pin8
int yellowledpin=9 ;//定義 Led pin9

```
int greenledpin=10 ;//定義 Led pin10
int lightNumber = 1 ;

void setup()
{
pinMode(buttonpin,INPUT);
pinMode(redledpin,OUTPUT);
pinMode(yellowledpin,OUTPUT);
pinMode(greenledpin,OUTPUT);

//設置數位接腳 8 為輸出介面，Arduino 上我們用到的 I/O 口都要進行類似這樣的
定義。
}
void loop()
{
          switch (lightNumber)
        {
            case 1:
                digitalWrite( redledpin,HIGH) ;
                digitalWrite( yellowledpin,LOW) ;
                digitalWrite( greenledpin,LOW) ;
                break ;

            case 2:
                digitalWrite( redledpin,LOW) ;
                digitalWrite( yellowledpin,HIGH) ;
                digitalWrite( greenledpin,LOW) ;
                break ;

            case 3:
                digitalWrite( redledpin,LOW) ;
                digitalWrite( yellowledpin,LOW) ;
                digitalWrite( greenledpin,HIGH) ;
                break ;

        }
  if (digitalRead(buttonpin) == LOW)    //Low for button is open
      {
                lightNumber ++ ;
```

```
                if (lightNumber >3)
                    lightNumber = 1 ;
        }

delay(400);

}
```

讀者也可以在作者 YouTube 頻道(https://www.youtube.com/user/UltimaBruce)中，在網址 https://www.youtube.com/watch?v=99N9KJlEPRQ&feature=youtu.be，看到本次實驗-讓 Led 燈亮起來執行情形。

當然、如圖 85 所示，我們可以看到組立好的實驗圖，Arduino 開發板可以透過使用者壓、放按鈕來控制三個 Led 發光二極體明滅，就如同紅綠燈閃爍一樣。

圖 85 用按鈕讓 3Led 燈亮起來結果畫面

制作流水燈

前面作者已經使用按鈕讓 LED 燈亮起來，我們發現如果使用三個 Led 發光二極體明滅，那我們可以來讓紅綠燈輪流的閃爍，如同交通警察在十字路口控制紅綠燈的閃爍與否，本實驗將達到此目的。

本實驗除了一塊 Arduino 開發板與 USB 下載線之外，我們加入 LED 發光二極體與限流電阻的元件與按鈕模組(如圖 86.(e)所示)。

如圖 86 所示，這個實驗我們需要用到的實驗硬體有圖 86.(a)的 Arduino Mega 2560、圖 86.(b) USB 下載線、圖 86.(c) LED 發光二極體*3、圖 86.(d) 4.7k 歐姆電阻*3 來限流電阻，避免電流太大，燒壞 LED 發光二極體。

(a).Arduino Mega 2560   (b). USB 下載線

(c). LED 發光二極體*3   (d). 4.7k 歐姆電阻*3

圖 86 制作流水燈所需材料表

我們遵照前幾章所述，將 Arduino 開發板的驅動程式安裝好之後，遵照圖 87 之電路圖進行組裝。

圖 87 制作流水燈線路圖

完成組裝後，我們打開 Arduino 開發板的開發工具：Sketch IDE 整合開發軟體，鍵入表 22 程式，我們發現，那我們可以來讓紅綠燈輪流的閃爍，如同交通警察在十字路口控制紅綠燈的閃爍與否。

表 22 制作流水燈程式

制作流水燈程式(LightFlow)
int val;//定義變數 val
int redledpin=8 ;//定義 Led pin8
int yellowledpin=9 ;//定義 Led pin9
int greenledpin=10 ;//定義 Led pin10
int lightNumber = 1 ;
void setup()
{
pinMode(redledpin,OUTPUT);
pinMode(yellowledpin,OUTPUT);

```
pinMode(greenledpin,OUTPUT);

//設置數位接腳 8 為輸出介面，Arduino 上我們用到的 I/O 口都要進行類似這樣的
定義。
}
void loop()
{

    switch (lightNumber)
        {
                case 1:
                    digitalWrite( redledpin,HIGH) ;
                    digitalWrite( yellowledpin,LOW) ;
                    digitalWrite( greenledpin,LOW) ;
                    break ;

                case 2:
                    digitalWrite( redledpin,LOW) ;
                    digitalWrite( yellowledpin,HIGH) ;
                    digitalWrite( greenledpin,LOW) ;
                    break ;

                case 3:
                    digitalWrite( redledpin,LOW) ;
                    digitalWrite( yellowledpin,LOW) ;
                    digitalWrite( greenledpin,HIGH) ;
                    break ;

        }
            lightNumber ++ ;
        if (lightNumber >3)
                lightNumber = 1 ;
delay(200);

}
```

讀者也可以在作者 YouTube 頻道(https://www.youtube.com/user/UltimaBruce)中，

在網址 https://www.youtube.com/watch?v=ESbp_6FeFXk&feature=youtu.be，看到本次實驗-讓 Led 燈亮起來執行情形。

當然、如圖 88 所示，我們可以看到組立好的實驗圖，Arduino 開發板可以透過使用者壓、放按鈕來控制三個 Led 發光二極體明滅，就如同紅綠燈閃爍一樣。

圖 88 制作流水燈結果畫面

讓 Arduino 發出聲音

前面作者已經使用按鈕讓 LED 燈亮起來，我們如果要讓 Arduino 開發板發出聲音，我們必需加入新的元件：小喇叭。

本實驗除了一塊 Arduino 開發板與 USB 下載線之外，我們加入小喇叭(如圖 89.(c)所示)。

如圖 89 所示，這個實驗我們需要用到的實驗硬體有圖 89.(a)的 Arduino Mega 2560、圖 89.(b) USB 下載線、圖 89.(c) 小喇叭。

(a).Arduino Mega 2560　　　　(b). USB 下載線

(c).喇叭(小喇叭)

圖 89 讓 Arduino 發出聲音所需材料表

我們遵照前幾章所述，將 Arduino 開發板的驅動程式安裝好之後，遵照圖 90 之電路圖進行組裝。

Made with **Fritzing.org**

圖 90 讓 Arduino 發出聲音線路圖

完成組裝後，我們打開 Arduino 開發板的開發工具：Sketch IDE 整合開發軟體，鍵入表 23 程式，我們發現 Arduino 開發板已經可以驅動小喇叭讓它發出歐揖、歐揖的聲音。

表 23 讓 Arduino 發出聲音程式

讓 Arduino 發出聲音程式(buzzer)
int buzzer=11;//設置控制蜂鳴器的數位 IO 腳
void setup()
{
pinMode(buzzer,OUTPUT);//設置數位 IO 腳模式，OUTPUT 為輸出
}
void loop()
{
unsigned char i,j;//定義變數
while(1)
{
for(i=0;i<80;i++)//輸出一個頻率的聲音
{
digitalWrite(buzzer,HIGH);//發聲音
delay(1);//延時 1ms
digitalWrite(buzzer,LOW);//不發聲音
delay(1);//延時 ms
}
for(i=0;i<100;i++)//輸出另一個頻率乩聲音
{
digitalWrite(buzzer,HIGH);//發聲音
delay(2);//延時 2ms
digitalWrite(buzzer,LOW);//不發聲音
delay(2);//延時 2ms
}
}
}

讀者也可以在作者 YouTube 頻道(https://www.youtube.com/user/UltimaBruce)中，在網址 https://www.youtube.com/watch?v=99N9KJlEPRQ&feature=youtu.be，看到本次實

驗-讓 Arduino 發出聲音執行情形。

當然、如圖 91 所示，我們可以看到組立好的實驗圖，Arduino 開發板可以發出聲音。

圖 91 讓 Arduino 發出聲音結果畫面

讓 Arduino 發出簡單音樂

前面作者已經讓 Arduino 開發板發出聲音，但如果我們要讓 Arduino 開發板發出簡單音樂，我們必需加入新的指令：tone()，對於這個指令不熟的讀者，可以參考前幾章或是拙作『Arduino RFID 門禁管制機設計: The Design of an Entry Access Control Device based on RFID Technology』(曹永忠, 許智誠, & 蔡英德, 2014d)、『Arduino EM-RFID 門禁管制機設計:The Design of an Entry Access Control Device based on EM-RFID Card』(曹永忠, 許智誠, & 蔡英德, 2014b)、『Arduino RFID 门禁管制机设计: Using Arduino to Develop an Entry Access Control Device with RFID Tags 』(曹永忠, 許智誠, & 蔡英德, 2014c)、『Arduino EM-RFID 门禁管制机设计:Using Arduino to Develop an Entry Access Control Device with EM-RFID Tags』(曹永忠, 許智誠, & 蔡英德, 2014a)、『Arduino 互動跳舞兔設計: The Interaction Design of a Dancing Rabbit by Arduino Technology』(曹永忠, 許智誠, & 蔡英德, 2014e)、『Arduino 互动跳舞兔设计: Using Arduino to Develop a Dancing Rabbit with An Android Apps』(曹永忠,

許 智 诚 ， & 蔡 英 德 ， 2014) ， 有 興 趣 讀 者 可 到 Google Books (https://play.google.com/store/books/author?id= 曹 永 忠) & Google Play (https://play.google.com/store/books/author?id= 曹 永 忠) 或 Pubu 電 子 書 城 (http://www.pubu.com.tw/store/ultima) 購買該書閱讀之。。

本實驗除了一塊 Arduino 開發板與 USB 下載線之外，我們加入小喇叭(如圖 92.(c)所示)。

如圖 89 所示，這個實驗我們需要用到的實驗硬體有圖 92.(a)的 Arduino Mega 2560、圖 92.(b) USB 下載線、圖 92.(c) 小喇叭。

(a).Arduino Mega 2560

(b). USB 下載線

(c).喇叭(小喇叭)

圖 92 讓 Arduino 發出簡單音樂所需材料表

我們遵照前幾章所述，將 Arduino 開發板的驅動程式安裝好之後，遵照圖 93 之電路圖進行組裝。

圖 93 讓 Arduino 發出簡單音樂線路圖

完成組裝後，我們打開Arduino 開發板的開發工具：Sketch IDE整合開發軟體，鍵入表 24與表 25程式，我們發現Arduino開發板已經可以驅動小喇叭讓它發出瑪琍歐的簡單音樂。

表 24 讓 Arduino 發出簡單音樂程式

讓 Arduino 發出簡單音樂程式(toneMusic)

#include "pitches.h"
 	
int melodyPin=11;//設置控制蜂鳴器的數位 IO 腳
int melody[] = {
  NOTE_E7, NOTE_E7, 0, NOTE_E7,
  0, NOTE_C7, NOTE_E7, 0,
  NOTE_G7, 0, 0,   0,
  NOTE_G6, 0, 0, 0,
 	
  NOTE_C7, 0, 0, NOTE_G6,

```
0, 0, NOTE_E6, 0,
0, NOTE_A6, 0, NOTE_B6,
0, NOTE_AS6, NOTE_A6, 0,

NOTE_G6, NOTE_E7, NOTE_G7,
NOTE_A7, 0, NOTE_F7, NOTE_G7,
0, NOTE_E7, 0,NOTE_C7,
NOTE_D7, NOTE_B6, 0, 0,

NOTE_C7, 0, 0, NOTE_G6,
0, 0, NOTE_E6, 0,
0, NOTE_A6, 0, NOTE_B6,
0, NOTE_AS6, NOTE_A6, 0,

NOTE_G6, NOTE_E7, NOTE_G7,
NOTE_A7, 0, NOTE_F7, NOTE_G7,
0, NOTE_E7, 0,NOTE_C7,
NOTE_D7, NOTE_B6, 0, 0
};

//Mario main them tempo
int tempo[] = {
    12, 12, 12, 12,
    12, 12, 12, 12,
    12, 12, 12, 12,
    12, 12, 12, 12,

    12, 12, 12, 12,
    12, 12, 12, 12,
    12, 12, 12, 12,
    12, 12, 12, 12,

    9, 9, 9,
    12, 12, 12, 12,
    12, 12, 12, 12,
    12, 12, 12, 12,

    12, 12, 12, 12,
    12, 12, 12, 12,
```

```
    12, 12, 12, 12,
    12, 12, 12, 12,

    9, 9, 9,
    12, 12, 12, 12,
    12, 12, 12, 12,
    12, 12, 12, 12,
};


  int mariolen = sizeof(melody) / sizeof(int) ;


void setup()
{
pinMode(melodyPin,OUTPUT);//設置數位 IO 腳模式，OUTPUT 為輸出
}
void loop()
{
    playMario() ;
}

void playMario()
{
    int noteDuration ;
  for(int mariopos=0; mariopos <mariolen; mariopos++)
    {
        noteDuration = 1000/tempo[mariopos];
        tone(melodyPin, melody[mariopos],noteDuration);
    }




}
```

表 25 讓 Arduino 發出簡單音樂程式之 h 檔

讓 Arduino 發出簡單音樂程式之 h 檔(pitches.h)

/***

```
 * Public Constants
 ************************************************/

#define NOTE_B0   31
#define NOTE_C1   33
#define NOTE_CS1 35
#define NOTE_D1   37
#define NOTE_DS1 39
#define NOTE_E1   41
#define NOTE_F1   44
#define NOTE_FS1 46
#define NOTE_G1   49
#define NOTE_GS1 52
#define NOTE_A1   55
#define NOTE_AS1 58
#define NOTE_B1   62
#define NOTE_C2   65
#define NOTE_CS2 69
#define NOTE_D2   73
#define NOTE_DS2 78
#define NOTE_E2   82
#define NOTE_F2   87
#define NOTE_FS2 93
#define NOTE_G2   98
#define NOTE_GS2 104
#define NOTE_A2   110
#define NOTE_AS2 117
#define NOTE_B2   123
#define NOTE_C3   131
#define NOTE_CS3 139
#define NOTE_D3   147
#define NOTE_DS3 156
#define NOTE_E3   165
#define NOTE_F3   175
#define NOTE_FS3 185
#define NOTE_G3   196
#define NOTE_GS3 208
#define NOTE_A3   220
#define NOTE_AS3 233
```

```c
#define NOTE_B3    247
#define NOTE_C4    262
#define NOTE_CS4 277
#define NOTE_D4    294
#define NOTE_DS4 311
#define NOTE_E4    330
#define NOTE_F4    349
#define NOTE_FS4 370
#define NOTE_G4    392
#define NOTE_GS4 415
#define NOTE_A4    440
#define NOTE_AS4 466
#define NOTE_B4    494
#define NOTE_C5    523
#define NOTE_CS5 554
#define NOTE_D5    587
#define NOTE_DS5 622
#define NOTE_E5    659
#define NOTE_F5    698
#define NOTE_FS5 740
#define NOTE_G5    784
#define NOTE_GS5 831
#define NOTE_A5    880
#define NOTE_AS5 932
#define NOTE_B5    988
#define NOTE_C6    1047
#define NOTE_CS6 1109
#define NOTE_D6    1175
#define NOTE_DS6 1245
#define NOTE_E6    1319
#define NOTE_F6    1397
#define NOTE_FS6 1480
#define NOTE_G6    1568
#define NOTE_GS6 1661
#define NOTE_A6    1760
#define NOTE_AS6 1865
#define NOTE_B6    1976
#define NOTE_C7    2093
#define NOTE_CS7 2217
```

```
#define NOTE_D7    2349
#define NOTE_DS7 2489
#define NOTE_E7    2637
#define NOTE_F7    2794
#define NOTE_FS7 2960
#define NOTE_G7    3136
#define NOTE_GS7 3322
#define NOTE_A7    3520
#define NOTE_AS7 3729
#define NOTE_B7    3951
#define NOTE_C8    4186
#define NOTE_CS8 4435
#define NOTE_D8    4699
#define NOTE_DS8 4978
```

　　讀者也可以在作者 YouTube 頻道

(https://www.youtube.com/user/UltimaBruce)中，在網址

https://www.youtube.com/watch?v=99N9KJlEPRQ&feature=youtu.be，看到本

次實驗-讓 Arduino 發出瑪琍歐的簡單音樂執行情形。

　　當然、如圖 94 所示，我們可以看到組立好的實驗圖，Arduino 開發板可以發

出瑪琍歐的簡單音樂。

圖 94 讓 Arduino 發出簡單音樂結果畫面

章節小結

本章主要介紹使用 Arduino 開發板來控制簡單的 Led 發光二極體，按鈕讀取與簡單聲音控制等。

5
CHAPTER

進階的實驗

LCD 1602

Arduino 開發板最常用顯示介面莫過於 LCD 1602 ，常見的 LCD 1602 是和日立的 HD44780[9] 相容的 2x16 LCD ，可以顯示兩行資訊，每行 16 個字元，它可以顯示英文字母、希臘字母、標點符號以及數學符號。

除了顯示資訊外，它還有其它功能，包括資訊捲動(往左和往右捲動)、顯示游標和 LED 背光的功能，但是有一些廠商為了降低售價，取消其 LED 背光的功能。

如圖 95 所示，大部分的 LCD 1602 都配備有背光裝置，所以大部份具有 16 個腳位，可以參考表 26，可以更深入了解其接腳功能與定義：

圖 95 LCD1602 接腳

表 26 LCD1602 接腳說明表

接腳	接腳說明	接腳名稱
1	Ground (0V)	接地 (0V)
2	Supply voltage; 5V (4.7V － 5.3V)	電源 (+5V)
3	Contrast adjustment; through a variable resistor	螢幕對比(0-5V), 可接一顆 1k 電阻到地線，或使用可變電阻調整適

---

[9] **Hitachi HD44780 LCD controller** is one of the most common dot matrix liquid crystal display (LCD) display controllers available. Hitachi developed the microcontroller specifically to drive alphanumeric LCD display with a simple interface that could be connected to a general purpose microcontroller or microprocessor

接腳	接腳說明	接腳名稱
		當的對比(請參考分壓線路) ***此腳位需用分壓線路,請參考圖 96
4	Selects command register when low; and data register when high	Register Select: 1: D0－D7 當作資料解釋 0: D0－D7 當作指令解釋
5	Low to write to the register; High to read from the register	Read/Write mode: 1: 從 LCD 讀取資料 0: 寫資料到 LCD 因為很少從 LCD 這端讀取資料,可將此腳位接地以節省 I/O 腳位。 ***若不使用此腳位,請接地
6	Sends data to data pins when a high to low pulse is given	Enable
7	8-bit data pins	Bit 0 LSB
8		Bit 1
9		Bit 2
10		Bit 3
11		Bit 4
12		Bit 5
13		Bit 6
14		Bit 7 MSB
15	Backlight V$_{cc}$ (5V)	背光(串接 330 R 電阻到電源)
16	Backlight Ground (0V)	背光(GND)

資料來源:(Guangzhou_Tinsharp_Industrial_Corp._Ltd., 2013)

圖 96 LCD1602 對比線路(分壓線路)

　　若讀者要調整 LCD 1602 顯示文字的對比，請參考圖 96 的分壓線路，不可以直接連接+5V 或接地，避免 LCD 1602 或 Arduino 開發板燒毀。

　　為 了 讓 實 驗 更 順 暢 進 行 ， 先 行 介 紹 LCD1602 (Guangzhou_Tinsharp_Industrial_Corp._Ltd., 2013) ，我們參考圖 97 所示，如何將 LCD 1602 與 Arduino 開發板連接起來，將 LCD 1602 與 Arduino 開發板進行實體線路連接，參考附錄中，LCD 1602 函式庫 單元，可以見到 LCD 1602 常用的函式庫 (LiquidCrystal Library,參考網址：http://arduino.cc/en/Reference/LiquidCrystal)，若讀者希望對 LCD 1602 有更深入的了解，可以參考附錄中 LCD 1602 原廠資料 (Guangzhou_Tinsharp_Industrial_Corp._Ltd., 2013)，相信會有更詳細的資料介紹。

　　LCD 1602 有 4-bit 和 8-bit 兩種使用模式，使用 4-bit 模式主要的好處是節省 I/O 腳位，通訊的時候只會用到 4 個高位元 (D4-D7)，D0-D3 這四支腳位可以不用接。每個送到 LCD 1602 的資料會被分成兩次傳送 – 先送 4 個高位元資料，然後才送 4 個低位元資料。

圖 97 LCD 1602 接線線路圖

我們參考 Arduino 官方網站 http://arduino.cc/en/Reference/LiquidCrystal ，其連接 LCD 1602 範例程式，可以了解 Arduino 如何驅動 LCD 1602 顯示器：

表 27 LCD 1602 接腳說明

接腳	接腳說明	接腳名稱
1	Ground (0V)	接地 (0V) Arduino GND
2	Supply voltage; 5V (4.7V – 5.3V)	電源 (+5V) Arduino +5V
3	Contrast adjustment; through a variable resistor	螢幕對比(0-5V), 可接一顆 1k 電阻，或使用可變電阻調整適當的對比**(請參考圖 96 分壓線路)**
4	Selects command register when low; and data register when high	Arduino digital output pin 8
5	Low to write to the register; High to read from the register	Arduino digital output pin 9

接腳	接腳說明	接腳名稱
6	Sends data to data pins when a high to low pulse is given	Arduino digital output pin 10
7	Data D0	Arduino digital output pin 45
8	Data D1	Arduino digital output pin 43
9	Data D2	Arduino digital output pin 41
10	Data D3	Arduino digital output pin 39
11	Data D4	Arduino digital output pin 37
12	Data D5	Arduino digital output pin 35
13	Data D6	Arduino digital output pin 33
14	Data D7	Arduino digital output pin 31
15	Backlight Vcc (5V)	背光(串接 330 R 電阻到電源)
16	Backlight Ground (0V)	背光(GND)

表 28 LiquidCrystal LCD 1602 測試程式

LiquidCrystal LCD 1602 測試程式(lcd1602_hello)

```
/*
LiquidCrystal Library - Hello World

Use a 16x2 LCD display The LiquidCrystal
library works with all LCD displays that are compatible with the
Hitachi HD44780 driver.
This sketch prints "Hello World!" to the LCD
and shows the time.
*/
// include the library code:
#include <LiquidCrystal.h>
// initialize the library with the numbers of the interface pins
LiquidCrystal lcd(5,6,7,38,40,42,44);     //ok
void setup() {
// set up the LCD's number of columns and rows:
lcd.begin(16, 2);
// Print a message to the LCD.
lcd.print("hello, world!");
}
void loop() {
```

```
        lcd.setCursor(0, 1);
        lcd.print(millis()/1000);    }
```

表 29 LiquidCrystal LCD 1602 測試程式二

```
LiquidCrystal LCD 1602 測試程式(lcd1602_mills)

#include <LiquidCrystal.h>

/* LiquidCrystal display with:

  LiquidCrystal(rs, enable, d4, d5, d6, d7)
  LiquidCrystal(rs, rw, enable, d4, d5, d6, d7)
  LiquidCrystal(rs, enable, d0, d1, d2, d3, d4, d5, d6, d7)
  LiquidCrystal(rs, rw, enable, d0, d1, d2, d3, d4, d5, d6, d7)
  R/W Pin Read = LOW / Write = HIGH      // if No pin connect RW , please leave
R/W Pin for Low State

  Parameters
*/
LiquidCrystal lcd(5,6,7,38,40,42,44);     //ok

void setup()
{
    Serial.begin(9600);
    Serial.println("start LCM 1604");
    //  pinMode(11,OUTPUT);
    //  digitalWrite(11,LOW);
    lcd.begin(16, 2);
    // 設定 LCD 的行列數目 (16 x 2)  16  行 2  列
    lcd.setCursor(0,0);
    // 列印 "Hello World" 訊息到 LCD 上
    lcd.print("hello, world!");
    Serial.println("hello, world!");
}

void loop()
{
    // 將游標設到   第一行,    第二列
```

```
// (注意:   第二列第五行,因為是從 0 開始數起):
lcd.setCursor(5, 2);
// 列印 Arduino 重開之後經過的秒數
lcd.print(millis()/1000);
Serial.println(millis()/1000);
delay(200);
}
```

讀者也可以在作者 YouTube 頻道

(https://www.youtube.com/user/UltimaBruce)中,在網址

https://www.youtube.com/watch?v=-tNR3PxAlG0&feature=youtu.be,看到本次

實驗-讓 Arduino 在 LCD 1602 畫面上顯示文字情形。

當然、如圖 98 所示,我們可以看到 Arduino 在 LCD 1602 畫面上顯示文字情

形。

圖 98 LCD 1602 結果畫面

LM35 溫度感測器讀取溫度

LM35 是很常用且易用的溫度感測器元件，在元器件的應用上也只需要一個 LM35 元件，只利用一個類比介面就可以，將讀取的類比值轉換為實際的溫度，其接腳的定義，請參考圖 99.(c) LM35 溫度感測器所示。

所需的元器件如下。

● 直插 LM35*1

● 麵包板*1

● 麵包板跳線*1 紮

如圖 99 所示，這個實驗我們需要用到的實驗硬體有圖 99.(a)的 Arduino Mega 2560 與圖 99.(b) USB 下載線、圖 99.(c) LM35 溫度感測器、圖 99.(d).LCD1602 液晶顯示器：

(a).Arduino Mega 2560　　　　(b). USB 下載線

(c).LM35溫度感測器　　　(d).LCD1602液晶顯示器

圖 99 LM35 溫度感測器所需材料表

我們遵照前幾章所述，將 Arduino 開發板的驅動程式安裝好之後，我們打開

Arduino 開發板的開發工具：Sketch IDE 整合開發軟體，編寫一段程式，如表 30 所示之 LM35 溫度感測器程式程式，讓 Arduino 讀取 LM35 溫度感測器程式，並把溫度顯示在 Sketch 的監控畫面與 LCD1602 液晶顯示器上。

表 30 LM35 溫度感測器程式

LM35 溫度感測器程式(LM35)

```
// include the library code:
#include <LiquidCrystal.h>
// initialize the library with the numbers of the interface pins
LiquidCrystal lcd(8, 9, 10, 45, 43, 41,39,37,35,33,31);

int potPin = 0; //定義類比介面 0 連接 LM35 溫度感測器
void setup()
{
Serial.begin(9600);//設置串列傳輸速率
  // set up the LCD's number of columns and rows:
   lcd.begin(16, 2);
   // Print a message to the LCD.

}
void loop()
{
int val;//定義變數
int dat;//定義變數
val=analogRead(0);// 讀取感測器的模擬值並賦值給 val
dat=(125*val)>>8;//溫度計算公式
Serial.print("Tep:");//原樣輸出顯示 Tep 字串代表溫度
Serial.print(dat);//輸出顯示 dat 的值
Serial.println("C");//原樣輸出顯示 C 字串
  // set the cursor to column 0, line 1
  // (note: line 1 is the second row, since counting begins with 0):
   lcd.setCursor(0, 1);
     lcd.print("Tep:");
     lcd.print(dat);
     lcd.print(" .C");
delay(500);//延時 0.5 秒
```

```
}
```

圖 100 LM35 溫度感測器程式結果畫面

DS18B20 數位溫度感測器

DS18B20 溫度感測模組提供 高達 9 位元溫度準確度來顯示物品的溫度。而溫度的資料只需將訊號經過單線串列送入 DS18B20 或從 DS18B20 送出，因此從中央處理器到 DS18B20 僅需連接一條線（和地）(如圖 101 所示)。

DS18B20 溫度感測模組讀、寫和完成溫度變換所需的電源可以由數據線本身提供，而不需要外部電源。因為每一個 DS18B20 溫度感測模組有唯一的系列號(silicon serial number)，因此多個 DS18B20 溫度感測模組可以存在於同一條單線總線上。這允許在許多不同的地方放置 DS18B20 溫度感測模組。

圖 101 DS-18B20 數位溫度感測器

DS-18B20 數位溫度感測器特性介紹

1. DS18B20 的主要特性

● 適應電壓範圍更寬,電壓範圍:3.0~5.5V,在寄生電源方式下可由數 據線供電

● 獨特的單線介面方式,DS18B20 在與微處理器連接時僅需要一條口線即可實現微處理器與 DS18B20 的

2. 雙向通訊

● DS18B20 支援多點組網功能,多個 DS18B20 可以並聯在唯一的三線上,實現組網多點測溫

● DS18B20 在使用中不需要任何週邊元件,全部傳感元件及轉換電路集成在形如一只三極管的積體電路內

● 可測量溫度範圍為-55℃~+125℃,在-10~+85℃時精度為±0.5℃

● 程式讀取的解析度為 9~12 位元,對應的可分辨溫度分別為 0.5℃、0.25℃、0.125℃和 0.0625℃,可達到高精度測溫

● 在 9 位元解析度狀態時,最快在 93.75ms 內就可以把溫度轉換為數位資料,在 12 位元解析度狀態時,最快在 750ms 內把溫度值轉換為數位資料,速度更快

- 測量結果直接輸出數位溫度信號，只需要使用一條線路的資料匯流排，使用串列方式傳送給微處理機，並同時可傳送 CRC 檢驗碼，且具有極強的抗干擾除錯能力

- 負壓特性：電源正負極性接反時，晶片不會因發熱而燒毀，只是不能正常工作。

3. DS18B20 的外形和內部結構

- DS18B20 內部結構主要由四部分組成：64 位元 ROM 、溫度感測器、非揮發的溫度報警觸發器 TH 和 T 配置暫存器。

- DS18B20 的外形及管腳排列如圖 102 所示

4. DS18B20 接腳定義：(如圖 102 所示)

- DQ 為數位資號輸入/輸出端；

- GND 為電源地；

- VDD 為外接供電電源輸入端。

圖 102 DS18B20 腳位一覽圖

DS18B20 溫度感測模組的連接電路可以參考圖 103 與表 31 所示，進行電路組

立。

圖 103 DS18B20 範例電路圖

參考資料：Arduino 練習：溫度感測

DS18B20(http://yehnan.blogspot.tw/2013/01/arduinods18b20.html)

表 31 DS18B20 溫度感測模組接腳表

	模組接腳	Arduino 開發板接腳	解說
DS18B20	VDD(Pin 3)	Arduino +5V	
	GND(Pin 1)	Arduino GND(共地接點)	
	DQ(Pin 2)	Arduino Pin 2	
	4.7K 電阻 A 端	DQ(Pin 2)	
	4.7K 電阻 B 端	Arduino +5V	

模組接腳	Arduino 開發板接腳	解說

DallallaDallas 18B20 Digital Thermometer

完成 Arduino 開發板與 DS18B20 溫度感測模組連接之後，將下列表 32 之
DS18B20 溫度感測模組測試程式一鍵入 Arduino Sketch 之中，完成編譯後，上載到
Arduino 開發板進行測試，可以見到每隔兩秒鐘(delay(2000))，可以看到讀取到溫度
的資料。

表 32 DS18B20 溫度感測模組測試程式一

DS18B20 溫度感測模組測試程式一(DS18B20_test01)

```
#include <OneWire.h>
#include <DallasTemperature.h>

// Arduino 數位腳位 2 接到 1-Wire 裝置
#define ONE_WIRE_BUS 2

// 運用程式庫建立物件
OneWire oneWire(ONE_WIRE_BUS);
DallasTemperature sensors(&oneWire);

void setup(void)
{
```

DS18B20 溫度感測模組測試程式一(DS18B20_test01)

```
    Serial.begin(9600);
    Serial.println("Temperature Sensor");
    // 初始化
    sensors.begin();
}

void loop(void)
{
    // 要求匯流排上的所有感測器進行溫度轉換
    sensors.requestTemperatures();

    // 取得溫度讀數（攝氏）並輸出，
    // 參數 0 代表匯流排上第 0 個 1-Wire 裝置
    Serial.println(sensors.getTempCByIndex(0));

    delay(2000);
}
```

由圖 104 所示，可以看到透過 DS18B20 溫度感測模組可以讀取到外界溫度，並且該溫度式非常準確的溫度。

圖 104 DS18B20 溫度感測模組測試程式一結果畫面

DallasTemperature 函式庫介紹

Arduino 開發版驅動 DS18B20 溫度感測模組，需要 DallasTemperature 函數庫，而 DallasTemperature 函數庫則需要 OneWire 函數庫，讀者可以在本書附錄中找到這些函市庫，也可以到作者 Github(https://github.com/brucetsao)網站中，在本書原始碼目錄 https://github.com/brucetsao/eWater/tree/master/Lib，下載到 DallasTemperature、OneWire 等函數庫。

下列簡單介紹 DallasTemperature 函式庫內各個函式市的解釋與用法：

- uint8_t getDeviceCount(void)，回傳 1-Wire 匯流排上有多少個裝置。
- typedef uint8_t DeviceAddress[8]，裝置的位址。
- bool getAddress(uint8_t*, const uint8_t)，回傳某個裝置的位址。
- uint8_t getResolution(uint8_t*)，取得某裝置的溫度解析度（9~12 bits，分別對應 0.5°C、0.25°C、0.125°C、0.0625°C），參數為位址。
- bool setResolution(uint8_t*, uint8_t)，設定某裝置的溫度解析度。
- bool requestTemperaturesByAddress(uint8_t*)，命令某感測器進行溫度轉換，參數為位址。
- bool requestTemperaturesByIndex(uint8_t)，同上，參數為索引值。
- float getTempC(uint8_t*)，取得溫度讀數，參數為位址。
- float getTempCByIndex(uint8_t)，取得溫度讀數，參數為索引值。
- 另有兩個靜態成員函式可作攝氏華氏轉換。
  - static float toFahrenheit(const float)
  - static float toCelsius(const float)

顯示七段顯示器

七段顯示器是 Arduino 開發板最常使用的數字顯示器，本實驗仍只需要一塊
Arduino 開發板、USB 下載線、單字元的七段顯示器。

如圖 105 所示，這個實驗我們需要用到的實驗硬體有圖 105.(a)的 Arduino Mega
2560 與圖 105.(b) USB 下載線、圖 105.(c)單位數七段顯示器：

(a).Arduino Mega 2560   (b). USB 下載線

(c). 單位數七段顯示器

圖 105 顯示七段顯示器所需材料表

圖 106 七段顯示器接腳說明

我們遵照前幾章所述，將 Arduino 開發板的驅動程式安裝好之後，作者參考圖 106 來了解單位數的七段顯示器接腳說明後，本實驗使用共陽型七段顯示器，所以作者參考表 33 完成電路的連接，完成後如圖 107 所示。

表 33　七段顯示器接腳表

七段顯示器	Arduino 開發板接腳	解說
共陽(共陰)	Arduino pin 5V	5V 陽極接點
七段顯示器.a	Arduino pin 22	顯示 a 字形
七段顯示器.b	Arduino pin 24	顯示 b 字形
七段顯示器.c	Arduino pin 26	顯示 c 字形
七段顯示器.d	Arduino pin 28	顯示 d 字形
七段顯示器.e	Arduino pin 30	顯示 e 字形
七段顯示器.f	Arduino pin 32	顯示 f 字形
七段顯示器.g	Arduino pin 34	顯示 g 字形
七段顯示器.dot	Arduino pin 36	顯示點 字形

圖 107 單位七段顯示器接腳完成圖

　　我們遵照前幾章所述，將 Arduino 開發板的驅動程式安裝好之後，我們打開 Arduino 開發板的開發工具：Sketch IDE 整合開發軟體，編寫一段程式，如表 34 所示之顯示七段顯示器測試程式，可以看到七段顯示器從 9、9、7、6、5、4、3、2、1、0 循環顯示。

表 34 顯示七段顯示器測試程式

顯示七段顯示器測試程式(7Segment)
// 七段顯示器製作倒數功能 (vturnon)
#define apin 22
#define bpin 24
#define cpin 26
#define dpin 28
#define epin 30
#define fpin 32
#define gpin 34
#define dotpin 36

```
#define turnon LOW
#define turnoff HIGH


void setup() {
    pinMode(apin, OUTPUT);
    pinMode(bpin, OUTPUT);
    pinMode(cpin, OUTPUT);
    pinMode(dpin, OUTPUT);
    pinMode(epin, OUTPUT);
    pinMode(fpin, OUTPUT);
    pinMode(gpin, OUTPUT);
    pinMode(dotpin, OUTPUT);
    digitalWrite(dotpin, turnoff);    // 關閉小數點
}

void loop() {
    // 顯示數字 '9'
    digitalWrite(apin, turnon);
    digitalWrite(bpin, turnon);
    digitalWrite(cpin, turnon);
    digitalWrite(dpin, turnoff);
    digitalWrite(epin, turnoff);
    digitalWrite(fpin, turnon);
    digitalWrite(gpin, turnon);
    delay(1000);
    // 顯示數字 '8'
    digitalWrite(apin, turnon);
    digitalWrite(bpin, turnon);
    digitalWrite(cpin, turnon);
    digitalWrite(dpin, turnon);
    digitalWrite(epin, turnon);
    digitalWrite(fpin, turnon);
    digitalWrite(gpin, turnon);
    delay(1000);
    // 顯示數字 '7'
    digitalWrite(apin, turnon);
    digitalWrite(bpin, turnon);
    digitalWrite(cpin, turnon);
```

```
digitalWrite(dpin, turnoff);
digitalWrite(epin, turnoff);
digitalWrite(fpin, turnoff);
digitalWrite(gpin, turnoff);
delay(1000);
// 顯示數字 '6'
digitalWrite(apin, turnon);
digitalWrite(bpin, turnoff);
digitalWrite(cpin, turnon);
digitalWrite(dpin, turnon);
digitalWrite(epin, turnon);
digitalWrite(fpin, turnon);
digitalWrite(gpin, turnon);
delay(1000);
// 顯示數字 '5'
digitalWrite(apin, turnon);
digitalWrite(bpin, turnoff);
digitalWrite(cpin, turnon);
digitalWrite(dpin, turnon);
digitalWrite(epin, turnoff);
digitalWrite(fpin, turnon);
digitalWrite(gpin, turnon);
delay(1000);
// 顯示數字 '4'
digitalWrite(apin, turnoff);
digitalWrite(bpin, turnon);
digitalWrite(cpin, turnon);
digitalWrite(dpin, turnoff);
digitalWrite(epin, turnoff);
digitalWrite(fpin, turnon);
digitalWrite(gpin, turnon);
delay(1000);
// 顯示數字 '3'
digitalWrite(apin, turnon);
digitalWrite(bpin, turnon);
digitalWrite(cpin, turnon);
digitalWrite(dpin, turnon);
digitalWrite(epin, turnoff);
digitalWrite(fpin, turnoff);
```

```
    digitalWrite(gpin, turnon);
    delay(1000);
    // 顯示數字 '2'
    digitalWrite(apin, turnon);
    digitalWrite(bpin, turnon);
    digitalWrite(cpin, turnoff);
    digitalWrite(dpin, turnon);
    digitalWrite(epin, turnon);
    digitalWrite(fpin, turnoff);
    digitalWrite(gpin, turnon);
    delay(1000);
    // 顯示數字 '1'
    digitalWrite(apin, turnoff);
    digitalWrite(bpin, turnon);
    digitalWrite(cpin, turnon);
    digitalWrite(dpin, turnoff);
    digitalWrite(epin, turnoff);
    digitalWrite(fpin, turnoff);
    digitalWrite(gpin, turnoff);
    delay(1000);
    // 顯示數字 '0'
    digitalWrite(apin, turnon);
    digitalWrite(bpin, turnon);
    digitalWrite(cpin, turnon);
    digitalWrite(dpin, turnon);
    digitalWrite(epin, turnon);
    digitalWrite(fpin, turnon);
    digitalWrite(gpin, turnoff);
    // 暫停 4 秒鐘
    delay(4000);
}
```

資料來源：coopermaa(http://coopermaa2nd.blogspot.tw/2010/12/arduino-lab7.html)

　　讀者也可以在作者 YouTube 頻道(https://www.youtube.com/user/UltimaBruce)中，

在網址 https://www.youtube.com/watch?v=YxMZvS8LWHA&feature=youtu.be ，看到本

次實驗-顯示七段顯示器測試程式，可以看到七段顯示器從 9、9、7、6、5、4、3、

2、1、0 循環顯示。

　　當然、如圖 108 所示， Arduino 開發板可以顯示七段顯示器測試程式，可以看到七段顯示器從 9、9、7、6、5、4、3、2、1、0 循環顯示。

圖 108 顯示七段顯示器結果畫面

顯示二位數七段顯示器

　　二位數七段顯示器是 Arduino 開發板最常使用的數字顯示器，本實驗仍只需要一塊 Arduino 開發板、USB 下載線、二位數七段顯示器。

　　如圖 109 所示，這個實驗我們需要用到的實驗硬體有圖 109.(a)的 Arduino Mega 2560 與圖 109.(b) USB 下載線、圖 109.(c) 二位數七段顯示器：

(a).Arduino Mega 2560　　　　　　　(b). USB 下載線

(c). 二位數七段顯示器　　　(d). 二位數七段顯示器接腳

圖 109 二位數七段顯示器所需材料表

圖 110 七段顯示器接腳說明

　　我們遵照前幾章所述，將Arduino 開發板的驅動程式安裝好之後，

作者參考圖 109、圖 110來了解二位七段顯示器接腳說明後，本實驗使用

共陽型二位七段顯示器，所以作者參考表 35完成電路的連接，完成後如

圖 111所示。

表 35　二位七段顯示器接腳表

二位七段顯示器	Arduino 開發板接腳	解說
第一位數(共陽)(1)	Arduino pin 7	控制第一位數顯示
第二位數(共陽)(10)	Arduino pin 8	控制第二位數顯示
七段顯示器.a(4)	Arduino pin 22	顯示 a 字形

二位七段顯示器	Arduino 開發板接腳	解說
七段顯示器.b(5)	Arduino pin 24	顯示 b 字形
七段顯示器.c(9)	Arduino pin 26	顯示 c 字形
七段顯示器.d(6)	Arduino pin 28	顯示 d 字形
七段顯示器.e(8)	Arduino pin 30	顯示 e 字形
七段顯示器.f(3)	Arduino pin 32	顯示 f 字形
七段顯示器.g(2)	Arduino pin 34	顯示 g 字形
七段顯示器.dot(7)	Arduino pin 36	顯示點 字形

圖 111 二位數七段顯示器完成圖

我們遵照前幾章所述，將 Arduino 開發板的驅動程式安裝好之後，我們打開 Arduino 開發板的開發工具：Sketch IDE 整合開發軟體，編寫一段程式，如表 36 所示之二位數七段顯示器試程式，可以看到二位數七段顯示器從 99、98、97、96、95、……、3、2、1、0 循環顯示。

表 36 二位數七段顯示器測試程式

二位數七段顯示器測試程式(2DSegment)
// 七段顯示器製作倒數功能 (vturnon)

```
#define ctlD1 7
#define ctlD2 6

#define apin 22
#define bpin 24
#define cpin 26
#define dpin 28
#define epin 30
#define fpin 32
#define gpin 34
#define dotpin 36
#define turnon LOW
#define turnoff HIGH
#define digitalon HIGH
#define digitaloff LOW

void setup() {
    pinMode(ctlD1, OUTPUT);
    pinMode(ctlD2, OUTPUT);
    pinMode(apin, OUTPUT);
    pinMode(bpin, OUTPUT);
    pinMode(cpin, OUTPUT);
    pinMode(dpin, OUTPUT);
    pinMode(epin, OUTPUT);
    pinMode(fpin, OUTPUT);
    pinMode(gpin, OUTPUT);
```

```
      pinMode(dotpin, OUTPUT);
      digitalWrite(dotpin, turnoff);   // 關閉小數點
}

void loop() {
        int i ;
    for (i=0 ; i<99; i++)
            {
                showNumber(i) ;
            delay(50) ;
            showNumber(-1) ;


            }
}

  void showNumber(int no)
  {
      if (no == -1)
      {
          ShowSegment(1, -1) ;
      }
      else
      {
          ShowSegment(1, (no/10)) ;
          delayMicroseconds(3000) ;
          ShowSegment(2, (no%10)) ;
          delayMicroseconds(3000) ;
      }
  }
  void ShowSegment(int digital, int number)
  {
      if (digital == 1)
            {
                digitalWrite(ctlD1, digitalon);
                digitalWrite(ctlD2, digitaloff);
            }
            else
            {
                digitalWrite(ctlD1, digitaloff);
```

```
            digitalWrite(ctlD2, digitalon);
        }


switch (number)
  {
      case 9:
                  // 顯示數字 '9'
          digitalWrite(apin, turnon);
          digitalWrite(bpin, turnon);
          digitalWrite(cpin, turnon);
          digitalWrite(dpin, turnoff);
          digitalWrite(epin, turnoff);
          digitalWrite(fpin, turnon);
          digitalWrite(gpin, turnon);
            break ;

          case 8:
          // 顯示數字 '8'
          digitalWrite(apin, turnon);
          digitalWrite(bpin, turnon);
          digitalWrite(cpin, turnon);
          digitalWrite(dpin, turnon);
          digitalWrite(epin, turnon);
          digitalWrite(fpin, turnon);
          digitalWrite(gpin, turnon);
          break ;

          case 7:
          // 顯示數字 '7'
          digitalWrite(apin, turnon);
          digitalWrite(bpin, turnon);
          digitalWrite(cpin, turnon);
          digitalWrite(dpin, turnoff);
          digitalWrite(epin, turnoff);
          digitalWrite(fpin, turnoff);
          digitalWrite(gpin, turnoff);
          break ;
```

```
case 6:
// 顯示數字 '6'
digitalWrite(apin, turnon);
digitalWrite(bpin, turnoff);
digitalWrite(cpin, turnon);
digitalWrite(dpin, turnon);
digitalWrite(epin, turnon);
digitalWrite(fpin, turnon);
digitalWrite(gpin, turnon);
break ;

case 5:
// 顯示數字 '5'
digitalWrite(apin, turnon);
digitalWrite(bpin, turnoff);
digitalWrite(cpin, turnon);
digitalWrite(dpin, turnon);
digitalWrite(epin, turnoff);
digitalWrite(fpin, turnon);
digitalWrite(gpin, turnon);
break ;

case 4:
// 顯示數字 '4'
digitalWrite(apin, turnoff);
digitalWrite(bpin, turnon);
digitalWrite(cpin, turnon);
digitalWrite(dpin, turnoff);
digitalWrite(epin, turnoff);
digitalWrite(fpin, turnon);
digitalWrite(gpin, turnon);
break ;

case 3:
// 顯示數字 '3'
digitalWrite(apin, turnon);
digitalWrite(bpin, turnon);
digitalWrite(cpin, turnon);
digitalWrite(dpin, turnon);
```

```
digitalWrite(epin, turnoff);
digitalWrite(fpin, turnoff);
digitalWrite(gpin, turnon);
break ;

  case 2:
// 顯示數字 '2'
digitalWrite(apin, turnon);
digitalWrite(bpin, turnon);
digitalWrite(cpin, turnoff);
digitalWrite(dpin, turnon);
digitalWrite(epin, turnon);
digitalWrite(fpin, turnoff);
digitalWrite(gpin, turnon);
break ;

case 1:
// 顯示數字 '1'
digitalWrite(apin, turnoff);
digitalWrite(bpin, turnon);
digitalWrite(cpin, turnon);
digitalWrite(dpin, turnoff);
digitalWrite(epin, turnoff);
digitalWrite(fpin, turnoff);
digitalWrite(gpin, turnoff);
break ;

case 0:
// 顯示數字 '0'
digitalWrite(apin, turnon);
digitalWrite(bpin, turnon);
digitalWrite(cpin, turnon);
digitalWrite(dpin, turnon);
digitalWrite(epin, turnon);
digitalWrite(fpin, turnon);
digitalWrite(gpin, turnoff);
  break ;

  case -1:
```

```
        // all Off
        digitalWrite(apin, turnoff);
        digitalWrite(bpin, turnoff);
        digitalWrite(cpin, turnoff);
        digitalWrite(dpin, turnoff);
        digitalWrite(epin, turnoff);
        digitalWrite(fpin, turnoff);
        digitalWrite(gpin, turnoff);
         break ;

    }
}
```

資料來源：Modifed from coopermaa(http://coopermaa2nd.blogspot.tw/2010/12/arduino-lab7.html)

讀者也可以在作者 YouTube 頻道(https://www.youtube.com/user/UltimaBruce)中，在網址 https://www.youtube.com/watch?v=Gu81t8U8XNA&feature=youtu.be ，看到本次實驗-顯示二位數七段顯示器測試程式，可以看到二位數七段顯示器從 99、98、97、96、95、......、3、2、1、0 循環顯示。

當然、如圖 112 所示， Arduino 開發板可以顯示二位數七段顯示器測試程式，可以看到七段顯示器從 99、98、97、96、95、......、3、2、1、0 循環顯示。

圖 112 二位數七段顯示器結果畫面

顯示四位數七段顯示器

四位七段顯示器是 Arduino 開發板最常使用的多數字顯示器，本實驗仍只需要一塊 Arduino 開發板、USB 下載線、四位數七段顯示器。

如圖 113 所示，這個實驗我們需要用到的實驗硬體有圖 113.(a)的 Arduino Mega 2560 與圖 113.(b) USB 下載線、圖 113.(c) 四位數七段顯示器：

(a).Arduino Mega 2560　　　　(b). USB 下載線

(c).四位數七段顯示器　　　(d). 四位數七段顯示器接腳圖

圖 113 四位數七段顯示器所需零件表

圖 114 四位數七段顯示器接腳說明

我們遵照前幾章所述，將 Arduino 開發板的驅動程式安裝好之後，作者參考圖
113、圖 114 來了解四位數七段顯示器接腳說明後，本實驗使用共陰型四位數七段
顯示器，所以作者參考表 37 完成電路的連接，完成後如圖 115 所示。。

表 37　四位數七段顯示器接腳表

七段顯示器	Arduino 開發板接腳	解說
第四位數字控制 (共陰)	Arduino pin 7	第四位數字控制
第三位數字控制 (共陰)	Arduino pin 6	第三位數字控制
第二位數字控制 (共陰)	Arduino pin 5	第二位數字控制
第一位數字控制 (共陰)	Arduino pin 4	第一位數字控制
七段顯示器.a	Arduino pin 22	顯示 a 字形
七段顯示器.b	Arduino pin 24	顯示 b 字形
七段顯示器.c	Arduino pin 26	顯示 c 字形
七段顯示器.d	Arduino pin 28	顯示 d 字形
七段顯示器.e	Arduino pin 30	顯示 e 字形
七段顯示器.f	Arduino pin 32	顯示 f 字形
七段顯示器.g	Arduino pin 34	顯示 g 字形
七段顯示器.dot	Arduino pin 36	顯示點 字形

圖 115 四位數七段顯示器接腳完成圖

我們遵照前幾章所述，將 Arduino 開發板的驅動程式安裝好之後，我們打開 Arduino 開發板的開發工具：Sketch IDE 整合開發軟體，編寫一段程式，如表 38 所示之顯示四位數七段顯示器測試程式，可以看到四位數七段顯示器從 0001、0002、....、9998、9999 循環顯示。

表 38 四位數七段顯示器測試程式

四位數七段顯示器測試程式(4DSegment)
// 七段顯示器製作倒數功能 (vturnon)
#define ctlD1 7
#define ctlD2 6
#define ctlD3 5
#define ctlD4 4
#define apin 22
#define bpin 24
#define cpin 26
#define dpin 28
#define epin 30

```cpp
#define fpin 32
#define gpin 34
#define dotpin 36
#define turnon HIGH
#define turnoff LOW
#define digitalon LOW
#define digitaloff HIGH
int number = 0;

unsigned long time_previous;
void setup() {
   pinMode(ctlD1, OUTPUT);
   pinMode(ctlD2, OUTPUT);
   pinMode(ctlD3, OUTPUT);
   pinMode(ctlD4, OUTPUT);
   pinMode(apin, OUTPUT);
   pinMode(bpin, OUTPUT);
   pinMode(cpin, OUTPUT);
   pinMode(dpin, OUTPUT);
   pinMode(epin, OUTPUT);
   pinMode(fpin, OUTPUT);
   pinMode(gpin, OUTPUT);
   pinMode(dotpin, OUTPUT);
   digitalWrite(dotpin, turnoff);    // 關閉小數點
     Serial.begin(9600);

}

void loop() {
      int i ;
   // 經過一秒後就讓 number 加 1
   unsigned long time_now = millis();
   if(time_now - time_previous > 1000){
      number++;
      time_previous += 1000;
      Serial.println("number=%d\n", number);
   }

   // 不斷地寫入數字
```

~ 216 ~

```
  showNumber(number);
}

void showNumber(int no)
{
    if (no == -1)
    {
        ShowSegment(1, -1) ;
    }
    else
    {
        ShowSegment(1, (no/1000)) ;
        delay(5) ;
        ShowSegment(2, (no/100)) ;
        delay(5) ;
        ShowSegment(3, (no/10)) ;
        delay(5) ;
        ShowSegment(4, (no%10)) ;
        delay(5) ;
    }
}
void ShowSegment(int digital, int number)
{
    switch (digital)
        {
            case 1:
            digitalWrite(ctlD1, digitalon);
            digitalWrite(ctlD2, digitaloff);
            digitalWrite(ctlD3, digitaloff);
            digitalWrite(ctlD4, digitaloff);
             break ;

            case 2:
            digitalWrite(ctlD1, digitaloff);
            digitalWrite(ctlD2, digitalon);
            digitalWrite(ctlD3, digitaloff);
            digitalWrite(ctlD4, digitaloff);
             break ;
```

```
            case 3:
            digitalWrite(ctlD1, digitaloff);
            digitalWrite(ctlD2, digitaloff);
            digitalWrite(ctlD3, digitalon);
            digitalWrite(ctlD4, digitaloff);
               break ;

               case 4:
            digitalWrite(ctlD1, digitaloff);
            digitalWrite(ctlD2, digitaloff);
            digitalWrite(ctlD3, digitaloff);
            digitalWrite(ctlD4, digitalon);
               break ;
           }

    switch (number)
       {
          case 9:
                     // 顯示數字 '9'
            digitalWrite(apin, turnon);
            digitalWrite(bpin, turnon);
            digitalWrite(cpin, turnon);
            digitalWrite(dpin, turnoff);
            digitalWrite(epin, turnoff);
            digitalWrite(fpin, turnon);
            digitalWrite(gpin, turnon);
               break ;

               case 8:
            // 顯示數字 '8'
            digitalWrite(apin, turnon);
            digitalWrite(bpin, turnon);
            digitalWrite(cpin, turnon);
            digitalWrite(dpin, turnon);
            digitalWrite(epin, turnon);
            digitalWrite(fpin, turnon);
            digitalWrite(gpin, turnon);
            break ;
```

```
case 7:
    // 顯示數字 '7'
    digitalWrite(apin, turnon);
    digitalWrite(bpin, turnon);
    digitalWrite(cpin, turnon);
    digitalWrite(dpin, turnoff);
    digitalWrite(epin, turnoff);
    digitalWrite(fpin, turnoff);
    digitalWrite(gpin, turnoff);
    break ;

case 6:
    // 顯示數字 '6'
    digitalWrite(apin, turnon);
    digitalWrite(bpin, turnoff);
    digitalWrite(cpin, turnon);
    digitalWrite(dpin, turnon);
    digitalWrite(epin, turnon);
    digitalWrite(fpin, turnon);
    digitalWrite(gpin, turnon);
    break ;

case 5:
    // 顯示數字 '5'
    digitalWrite(apin, turnon);
    digitalWrite(bpin, turnoff);
    digitalWrite(cpin, turnon);
    digitalWrite(dpin, turnon);
    digitalWrite(epin, turnoff);
    digitalWrite(fpin, turnon);
    digitalWrite(gpin, turnon);
    break ;

case 4:
    // 顯示數字 '4'
    digitalWrite(apin, turnoff);
    digitalWrite(bpin, turnon);
    digitalWrite(cpin, turnon);
    digitalWrite(dpin, turnoff);
```

```
digitalWrite(epin, turnoff);
digitalWrite(fpin, turnon);
digitalWrite(gpin, turnon);
break ;

case 3:
// 顯示數字 '3'
digitalWrite(apin, turnon);
digitalWrite(bpin, turnon);
digitalWrite(cpin, turnon);
digitalWrite(dpin, turnon);
digitalWrite(epin, turnoff);
digitalWrite(fpin, turnoff);
digitalWrite(gpin, turnon);
break ;

 case 2:
// 顯示數字 '2'
digitalWrite(apin, turnon);
digitalWrite(bpin, turnon);
digitalWrite(cpin, turnoff);
digitalWrite(dpin, turnon);
digitalWrite(epin, turnon);
digitalWrite(fpin, turnoff);
digitalWrite(gpin, turnon);
break ;

case 1:
// 顯示數字 '1'
digitalWrite(apin, turnoff);
digitalWrite(bpin, turnon);
digitalWrite(cpin, turnon);
digitalWrite(dpin, turnoff);
digitalWrite(epin, turnoff);
digitalWrite(fpin, turnoff);
digitalWrite(gpin, turnoff);
break ;

case 0:
```

```
        // 顯示數字 '0'
        digitalWrite(apin, turnon);
        digitalWrite(bpin, turnon);
        digitalWrite(cpin, turnon);
        digitalWrite(dpin, turnon);
        digitalWrite(epin, turnon);
        digitalWrite(fpin, turnon);
        digitalWrite(gpin, turnoff);
          break ;

        case -1:
        // all Off
        digitalWrite(apin, turnoff);
        digitalWrite(bpin, turnoff);
        digitalWrite(cpin, turnoff);
        digitalWrite(dpin, turnoff);
        digitalWrite(epin, turnoff);
        digitalWrite(fpin, turnoff);
        digitalWrite(gpin, turnoff);
          break ;

      }
}
```

參考資料來源：coopermaa(http://yehnan.blogspot.tw/2013/08/arduino_26.html)

　　　讀者也可以在作者 YouTube 頻道(https://www.youtube.com/user/UltimaBruce)中，
在網址 https://www.youtube.com/watch?v=DDF_y0BumG0&feature=youtu.be ，看到本次
實驗-顯示四位數七段顯示器測試程式，如圖 108 所示，可以看到四位數七段顯示
器從 0001、0002、....、9998、9999 循環顯示。

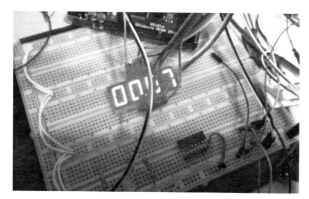
圖 116 顯示四位數七段顯示器結果畫面

火災警示：使用火燄感測器

居家最需要注意的事就是注意火融，所以如果能夠使用 Arduino 開發板來做一個火災警示入門的實驗，本實驗除了一塊 Arduino 開發板與 USB 下載線之外，我們加入 IR LED 紅外線接收二極體與限流電阻的元件。

使用紅外線接收二極體(IR Led)工作原理

火焰感測器利用紅外線對火焰非常敏感的特點,使用特製的紅外線接收二極體來檢查是否有火焰的存在,然後把火焰的亮度轉化為高低變化的類比訊號,輸入到 Arduino 開發板,Arduino 開發板根據攥寫的程式,根據信號的變化做出相應的程式處理。

實驗原理

在有火焰靠近和沒有火焰靠近兩種情況下,Arduino 開發板的類比接腳 A0,讀到的電壓值是有變化的。

作者用實際用三用電表測量時,在沒有火焰靠近時,類比接腳 A0 讀到的電壓值為 0.5V 左右;當有火焰靠近時,類比接腳 A0 讀到的電壓值為 3.0V 左右,火焰靠近距離越近電壓值越大。

如圖 117 所示，這個實驗我們需要用到的實驗硬體有圖 117.(a)的 Arduino Mega 2560、圖 117.(b) USB 下載線、圖 117.(c) 紅外線接收二極體、圖 117.(d) 4.7k 歐姆電阻來限流電阻，避免電流太大，燒壞 LED 發光二極體、圖 117.(e) 火燄感測模組。

(a).Arduino Mega 2560

(b). USB 下載線

(c). 紅外線接收二極體

(d).4.7k歐姆電阻

(e). 火燄感測模組

圖 117 火災警示所需材料表

　　由於我們並不在特別組立電路，作者使用圖 117.(e)之火燄感測模組，此模組已經將圖 117.(c) 紅外線接收二極體、圖 117.(d) 4.7k 歐姆電阻整合成一個完整的火燄感測模組，並且圖 117.(e)之火燄感測模組內也有可變電阻，可以提供給使用者直接旋轉可變電阻的阻值來設定圖 117.(e)之火燄感測模組對火燄(紅外線)靈敏的程度。

我們遵照前幾章所述，將 Arduino 開發板的驅動程式安裝好之後，遵照表 39 之電路圖進行組裝。

表 39 火災警示接腳表

接腳	接腳說明	接腳名稱
1	Ground (0V)	接地 (0V) Arduino GND
2	Supply voltage; 5V (4.7V – 5.3V)	電源 (+5V) Arduino +5V
3	Contrast adjustment; through a variable re-sistor	螢幕對比(0-5V)，可接一顆 1k 電阻，或使用可變電阻調整適當的對比**(請參考圖 96 分壓線路)**
4	Selects command register when low; and data register when high	Arduino digital output pin 8
5	Low to write to the register; High to read from the register	Arduino digital output pin 9
6	Sends data to data pins when a high to low pulse is given	Arduino digital output pin 10
7	Data D0	Arduino digital output pin 45
8	Data D1	Arduino digital output pin 43
9	Data D2	Arduino digital output pin 41
10	Data D3	Arduino digital output pin 39
11	Data D4	Arduino digital output pin 37
12	Data D5	Arduino digital output pin 35
13	Data D6	Arduino digital output pin 33
14	Data D7	Arduino digital output pin 31
15	Backlight Vcc (5V)	背光(串接 330 R 電阻到電源)
16	Backlight Ground (0V)	背光(GND)

接腳	火餚感測器	Arduino 接腳
1	GND	Arduino GND
2	VCC	Arduino +5V
3	A0	Arduino A0

接腳	接腳說明	接腳名稱
4	D0	Arduino digital pin 12

接腳	喇叭	Arduino 接腳
1	Speaker -	Arduino GND
2	Speaker _	Arduino PWM pin 11

圖 118 火災警示接腳完成圖

完成組裝後，我們打開Arduino 開發板的開發工具：Sketch IDE整

合開發軟體，鍵入表 40之火災警示程式。

表 40 火災警示程式

火災警示程式(flame_sensor)

#include "pitches.h"
#include <LiquidCrystal.h>
#define flameDPin　12
#define flameAPin A0
int melodyPin=11;//設置控制蜂鳴器的數位 IO 腳
int melody[] = {
　NOTE_E7, NOTE_E7, 0, NOTE_E7,
　0, NOTE_C7, NOTE_E7, 0,
　NOTE_G7, 0, 0,　0,
　NOTE_G6, 0, 0, 0,

~ 226 ~

```
    NOTE_C7, 0, 0, NOTE_G6,
    0, 0, NOTE_E6, 0,
    0, NOTE_A6, 0, NOTE_B6,
    0, NOTE_AS6, NOTE_A6, 0,

    NOTE_G6, NOTE_E7, NOTE_G7,
    NOTE_A7, 0, NOTE_F7, NOTE_G7,
    0, NOTE_E7, 0,NOTE_C7,
    NOTE_D7, NOTE_B6, 0, 0,

    NOTE_C7, 0, 0, NOTE_G6,
    0, 0, NOTE_E6, 0,
    0, NOTE_A6, 0, NOTE_B6,
    0, NOTE_AS6, NOTE_A6, 0,

    NOTE_G6, NOTE_E7, NOTE_G7,
    NOTE_A7, 0, NOTE_F7, NOTE_G7,
    0, NOTE_E7, 0,NOTE_C7,
    NOTE_D7, NOTE_B6, 0, 0
};

//Mario main them tempo
int tempo[] = {
    12, 12, 12, 12,
    12, 12, 12, 12,
    12, 12, 12, 12,
    12, 12, 12, 12,

    12, 12, 12, 12,
    12, 12, 12, 12,
    12, 12, 12, 12,
    12, 12, 12, 12,

    9, 9, 9,
    12, 12, 12, 12,
    12, 12, 12, 12,
    12, 12, 12, 12,
```

```
     12, 12, 12, 12,
     12, 12, 12, 12,
     12, 12, 12, 12,
     12, 12, 12, 12,

     9, 9, 9,
     12, 12, 12, 12,
     12, 12, 12, 12,
     12, 12, 12, 12,
};


  int mariolen = sizeof(melody) / sizeof(int) ;
  LiquidCrystal lcd(8, 9, 10, 45, 43, 41,39,37,35,33,31);


void setup()
{
pinMode(melodyPin,OUTPUT);//設置數位 IO 腳模式，OUTPUT 為輸出
  pinMode(flameDPin,INPUT);//定義蜂鳴器為輸入介面
  pinMode(flameAPin,INPUT);//定義蜂鳴器為輸入介面


    Serial.begin(9600);//設定串列傳輸速率為 9600 }

  // set up the LCD's number of columns and rows:
  lcd.begin(16, 2);
  // Print a message to the LCD.
  lcd.print("Now Detect Flame");
}
void loop() {
  int val ;
  // set the cursor to column 0, line 1
  // (note: line 1 is the second row, since counting begins with 0):
  lcd.setCursor(0, 1);
  lcd.print("                    ") ;
//    val=digitalRead(flameDPin);//讀取火焰感測器的模擬值
  val=digitalRead(flameDPin);//讀取火焰感測器的模擬值
    Serial.println(val);//輸出模擬值，並將其列印出來
```

```cpp
    if (val ==   0)
    {
            lcd.setCursor(0, 1);
           lcd.print("Fire Alarming");
            playMario() ;
    }
    else
    {
            lcd.setCursor(0, 1);
           lcd.print("Ready");
        }

/*

if(val== 1)//當模擬值大於 600 時蜂鳴器鳴響
{
    playMario() ;
}

 */
 delay(200);
}


void playMario()
{
    int noteDuration ;
    for(int mariopos=0; mariopos <mariolen; mariopos++)
    {
            noteDuration = 1000/tempo[mariopos];
           tone(melodyPin, melody[mariopos],noteDuration);
           delay(noteDuration*1.3);
      }



}
```

火災警示程式 include 檔(pitches.h)

```
/*************************************************
 * Public Constants
 *************************************************/

#define NOTE_B0    31
#define NOTE_C1    33
#define NOTE_CS1 35
#define NOTE_D1    37
#define NOTE_DS1 39
#define NOTE_E1    41
#define NOTE_F1    44
#define NOTE_FS1 46
#define NOTE_G1    49
#define NOTE_GS1 52
#define NOTE_A1    55
#define NOTE_AS1 58
#define NOTE_B1    62
#define NOTE_C2    65
#define NOTE_CS2 69
#define NOTE_D2    73
#define NOTE_DS2 78
#define NOTE_E2    82
#define NOTE_F2    87
#define NOTE_FS2 93
#define NOTE_G2    98
#define NOTE_GS2 104
#define NOTE_A2    110
#define NOTE_AS2 117
#define NOTE_B2    123
#define NOTE_C3    131
#define NOTE_CS3 139
#define NOTE_D3    147
#define NOTE_DS3 156
#define NOTE_E3    165
#define NOTE_F3    175
#define NOTE_FS3 185
```

```
#define NOTE_G3    196
#define NOTE_GS3 208
#define NOTE_A3    220
#define NOTE_AS3 233
#define NOTE_B3    247
#define NOTE_C4    262
#define NOTE_CS4 277
#define NOTE_D4    294
#define NOTE_DS4 311
#define NOTE_E4    330
#define NOTE_F4    349
#define NOTE_FS4 370
#define NOTE_G4    392
#define NOTE_GS4 415
#define NOTE_A4    440
#define NOTE_AS4 466
#define NOTE_B4    494
#define NOTE_C5    523
#define NOTE_CS5 554
#define NOTE_D5    587
#define NOTE_DS5 622
#define NOTE_E5    659
#define NOTE_F5    698
#define NOTE_FS5 740
#define NOTE_G5    784
#define NOTE_GS5 831
#define NOTE_A5    880
#define NOTE_AS5 932
#define NOTE_B5    988
#define NOTE_C6    1047
#define NOTE_CS6 1109
#define NOTE_D6    1175
#define NOTE_DS6 1245
#define NOTE_E6    1319
#define NOTE_F6    1397
#define NOTE_FS6 1480
#define NOTE_G6    1568
#define NOTE_GS6 1661
#define NOTE_A6    1760
```

```
#define NOTE_AS6 1865
#define NOTE_B6   1976
#define NOTE_C7   2093
#define NOTE_CS7 2217
#define NOTE_D7   2349
#define NOTE_DS7 2489
#define NOTE_E7   2637
#define NOTE_F7   2794
#define NOTE_FS7 2960
#define NOTE_G7   3136
#define NOTE_GS7 3322
#define NOTE_A7   3520
#define NOTE_AS7 3729
#define NOTE_B7   3951
#define NOTE_C8   4186
#define NOTE_CS8 4435
#define NOTE_D8   4699
#define NOTE_DS8 4978
```

讀者也可以在作者 YouTube 頻道(https://www.youtube.com/user/UltimaBruce)中，在網址 https://www.youtube.com/watch?v=JCsNrYzwrms&feature=youtu.be ，看到本次實驗-火災警示執行情形。

當然、如圖 76 所示，我們可以看到組立好的實驗圖，Arduino 開發板可以簡單偵測火災，並透過喇叭的音樂來警示。

圖 119 火災警示結果畫面

光開關：天暗讓燈亮起來

居家最需要就是光線，所以如果能夠使用 Arduino 開發板來做一個光開關最入門的實驗，本實驗除了一塊 Arduino 開發板與 USB 下載線之外，我們加入光敏電阻與限流電阻的元件。

如圖 120 所示，這個實驗我們需要用到的實驗硬體有圖 120.(a)的 Arduino Mega 2560、圖 120.(b) USB 下載線、圖 120.(c) 光敏電阻、圖 120.(d) 4.7k 歐姆電阻來限流電阻。

(a).Arduino Mega 2560   (b). USB 下載線

(c). 光敏電阻	(d). 4.7k歐姆電阻

圖 120 光開關所需材料表

我們遵照前幾章所述,將Arduino 開發板的驅動程式安裝好之後,

遵照表 41之電路圖進行組裝。

表 41 光開關接腳表

接腳	接腳說明	接腳名稱
1	Ground (0V)	接地 (0V) Arduino GND
2	Supply voltage; 5V (4.7V – 5.3V)	電源 (+5V) Arduino +5V
3	Contrast adjustment; through a variable resistor	螢幕對比(0-5V), 可接一顆 1k 電阻,或使用可變電阻調整適當 的對比**(請參考圖 96 分壓線路)**
4	Selects command register when low; and data register when high	Arduino digital output pin 8
5	Low to write to the register; High to read from the register	Arduino digital output pin 9
6	Sends data to data pins when a high to low pulse is given	Arduino digital output pin 10
7	Data D0	Arduino digital output pin 45
8	Data D1	Arduino digital output pin 43
9	Data D2	Arduino digital output pin 41
10	Data D3	Arduino digital output pin 39
11	Data D4	Arduino digital output pin 37
12	Data D5	Arduino digital output pin 35
13	Data D6	Arduino digital output pin 33
14	Data D7	Arduino digital output pin 31
15	Backlight Vcc (5V)	背光(串接 330 R 電阻到電源)
16	Backlight Ground (0V)	背光(GND)

接腳	接腳說明	接腳名稱

序	光敏電阻	Arduino 接腳
1	GND	Arduino GND
光敏電阻	光敏電阻 A 端	Arduino +5V
	光敏電阻 B 端	4.7K 電阻 A 端
	光敏電阻 B 端	Arduino analog pin A0
4.7K 電阻	4.7K 電阻 A 端	光敏電阻 B 端
	4.7K 電阻 B 端	Arduino GND
	4.7K 電阻 A 端	Arduino analog pin A0

接腳	喇叭	Arduino 接腳
1	Speaker -	Arduino GND
2	Speaker _	Arduino PWM pin 11

圖 121 光開關線路圖

完成組裝後，我們打開 Arduino 開發板的開發工具：Sketch IDE 整合開發軟體，鍵入表 42 之光開關程式。

實驗原理

在強光靠近光敏電阻和沒有光種情況下，Arduino 開發板的類比接腳 A0，讀到的電壓值是有變化的。

作者用實際用三用電表測量時，在沒有光靠近時，類比接腳 A0 讀到的電壓值為 0.3V 左右；當有強光時，類比接腳 A0 讀到的電壓值為 4.5V 左右，光線越強則電壓值越大。

表 42 光開關程式

光開關程式(light_sensor)
#include "pitches.h" #include <LiquidCrystal.h>

```
#define DPin 12
#define APin A0
int melodyPin=11;//設置控制蜂鳴器的數位 IO 腳
int melody[] = {
  NOTE_E7, NOTE_E7, 0, NOTE_E7,
  0, NOTE_C7, NOTE_E7, 0,
  NOTE_G7, 0, 0,   0,
  NOTE_G6, 0, 0, 0,

  NOTE_C7, 0, 0, NOTE_G6,
  0, 0, NOTE_E6, 0,
  0, NOTE_A6, 0, NOTE_B6,
  0, NOTE_AS6, NOTE_A6, 0,

  NOTE_G6, NOTE_E7, NOTE_G7,
  NOTE_A7, 0, NOTE_F7, NOTE_G7,
  0, NOTE_E7, 0,NOTE_C7,
  NOTE_D7, NOTE_B6, 0, 0,

  NOTE_C7, 0, 0, NOTE_G6,
  0, 0, NOTE_E6, 0,
  0, NOTE_A6, 0, NOTE_B6,
  0, NOTE_AS6, NOTE_A6, 0,

  NOTE_G6, NOTE_E7, NOTE_G7,
  NOTE_A7, 0, NOTE_F7, NOTE_G7,
  0, NOTE_E7, 0,NOTE_C7,
  NOTE_D7, NOTE_B6, 0, 0
};

//Mario main them tempo
int tempo[] = {
  12, 12, 12, 12,
  12, 12, 12, 12,
  12, 12, 12, 12,
  12, 12, 12, 12,

  12, 12, 12, 12,
  12, 12, 12, 12,
```

```
12, 12, 12, 12,
12, 12, 12, 12,

9, 9, 9,
12, 12, 12, 12,
12, 12, 12, 12,
12, 12, 12, 12,

12, 12, 12, 12,
12, 12, 12, 12,
12, 12, 12, 12,
12, 12, 12, 12,

9, 9, 9,
12, 12, 12, 12,
12, 12, 12, 12,
12, 12, 12, 12,
};


int mariolen = sizeof(melody) / sizeof(int) ;
LiquidCrystal lcd(8, 9, 10, 45, 43, 41,39,37,35,33,31);


void setup()
{
pinMode(melodyPin,OUTPUT);//設置數位 IO 腳模式，OUTPUT 為輸出
 pinMode(DPin,INPUT);//定義 digital 為輸入介面
 //pinMode(APin,INPUT);//定義為類比輸入介面


 Serial.begin(9600);//設定串列傳輸速率為 9600 }

 // set up the LCD's number of columns and rows:
 lcd.begin(16, 2);
 // Print a message to the LCD.
 lcd.print("Now Detect Light");
}
void loop() {
```

```
    int val ;
    // set the cursor to column 0, line 1
    // (note: line 1 is the second row, since counting begins with 0):
    lcd.setCursor(0, 1);
    lcd.print("                        ") ;

      val=analogRead(APin);//讀取 Light 感測器的模擬值
      Serial.println(val);//輸出模擬值，並將其列印出來

      if (val <300)
      {
              lcd.setCursor(0, 1);
              lcd.print("Turn on Light");
              playMario() ;
      }
      else
      {
              lcd.setCursor(0, 1);
              lcd.print("Ready");
        }

    delay(200);
}


void playMario()
{
    int noteDuration ;
    for(int mariopos=0; mariopos <mariolen; mariopos++)
      {
            noteDuration = 1000/tempo[mariopos];
            tone(melodyPin, melody[mariopos],noteDuration);
            delay(noteDuration*1.3);
      }
}
```

光開關程式 include 檔(pitches.h)

```
/************************************************
 * Public Constants
 ***********************************************/

#define NOTE_B0   31
#define NOTE_C1   33
#define NOTE_CS1 35
#define NOTE_D1   37
#define NOTE_DS1 39
#define NOTE_E1   41
#define NOTE_F1   44
#define NOTE_FS1 46
#define NOTE_G1   49
#define NOTE_GS1 52
#define NOTE_A1   55
#define NOTE_AS1 58
#define NOTE_B1   62
#define NOTE_C2   65
#define NOTE_CS2 69
#define NOTE_D2   73
#define NOTE_DS2 78
#define NOTE_E2   82
#define NOTE_F2   87
#define NOTE_FS2 93
#define NOTE_G2   98
#define NOTE_GS2 104
#define NOTE_A2   110
#define NOTE_AS2 117
#define NOTE_B2   123
#define NOTE_C3   131
#define NOTE_CS3 139
#define NOTE_D3   147
#define NOTE_DS3 156
#define NOTE_E3   165
#define NOTE_F3   175
#define NOTE_FS3 185
#define NOTE_G3   196
#define NOTE_GS3 208
#define NOTE_A3   220
```

```
#define NOTE_AS3 233
#define NOTE_B3   247
#define NOTE_C4   262
#define NOTE_CS4 277
#define NOTE_D4   294
#define NOTE_DS4 311
#define NOTE_E4   330
#define NOTE_F4   349
#define NOTE_FS4 370
#define NOTE_G4   392
#define NOTE_GS4 415
#define NOTE_A4   440
#define NOTE_AS4 466
#define NOTE_B4   494
#define NOTE_C5   523
#define NOTE_CS5 554
#define NOTE_D5   587
#define NOTE_DS5 622
#define NOTE_E5   659
#define NOTE_F5   698
#define NOTE_FS5 740
#define NOTE_G5   784
#define NOTE_GS5 831
#define NOTE_A5   880
#define NOTE_AS5 932
#define NOTE_B5   988
#define NOTE_C6   1047
#define NOTE_CS6 1109
#define NOTE_D6   1175
#define NOTE_DS6 1245
#define NOTE_E6   1319
#define NOTE_F6   1397
#define NOTE_FS6 1480
#define NOTE_G6   1568
#define NOTE_GS6 1661
#define NOTE_A6   1760
#define NOTE_AS6 1865
#define NOTE_B6   1976
#define NOTE_C7   2093
```

```
#define NOTE_CS7 2217
#define NOTE_D7    2349
#define NOTE_DS7 2489
#define NOTE_E7    2637
#define NOTE_F7    2794
#define NOTE_FS7 2960
#define NOTE_G7    3136
#define NOTE_GS7 3322
#define NOTE_A7    3520
#define NOTE_AS7 3729
#define NOTE_B7    3951
#define NOTE_C8    4186
#define NOTE_CS8 4435
#define NOTE_D8    4699
#define NOTE_DS8 4978
```

讀者也可以在作者 YouTube 頻道(https://www.youtube.com/user/UltimaBruce)中，在網址 https://www.youtube.com/watch?v=a1z-mgCUWVk&feature=youtu.be ，看到本次實驗-光開關執行情形。

當然、如圖 122 所示，我們可以看到組立好的實驗圖，Arduino 開發板可以實現光開關，當亮度不夠時，驅動揚聲器來唱歌告訴使用者該開啟燈光了。

圖 122 光開關結果畫面

防盜開關：滾珠振動開關

居家最需要就是安全，所以如果能夠使用 Arduino 開發板來做一個防盜開關的實驗，那是再好也不過的事了，本實驗除了一塊 Arduino 開發板與 USB 下載線之外，我們加入滾珠振動開關與限流電阻的元件。

如圖 123 所示，這個實驗我們需要用到的實驗硬體有圖 123.(a)的 Arduino Mega 2560、圖 123.(b) USB 下載線、圖 123.(c) 滾珠振動開關、圖 123.(d) 4.7k 歐姆電阻來限流電阻。

(a).Arduino Mega 2560   (b). USB 下載線

(c). 滾珠振動開關   (d).4.7k歐姆電阻

圖 123 滾珠振動開關所需材料表

(a). 滾珠振動開關   (d). 滾珠振動開關模組

(c). 滾珠振動開關剖面圖   (d) 彈簧式滾珠振動開關剖面圖

圖 124 滾珠振動開關介紹圖

作者為了多加介紹滾珠振動開關，參考圖 124 所示，讀者可以了解其滾珠振動開關的機構與相關模組。

我們遵照前幾章所述，將 Arduino 開發板的驅動程式安裝好之後，遵照表 43

之電路圖進行組裝。

表 43 滾珠振動開關接腳表

接腳	接腳說明	接腳名稱
1	Ground (0V)	接地 (0V) Arduino GND
2	Supply voltage; 5V (4.7V – 5.3V)	電源 (+5V) Arduino +5V
3	Contrast adjustment; through a variable resistor	螢幕對比(0-5V)，可接一顆 1k 電阻，或使用可變電阻調整適當的對比**(請參考圖 96 分壓線路)**
4	Selects command register when low; and data register when high	Arduino digital output pin 8
5	Low to write to the register; High to read from the register	Arduino digital output pin 9
6	Sends data to data pins when a high to low pulse is given	Arduino digital output pin 10
7	Data D0	Arduino digital output pin 45
8	Data D1	Arduino digital output pin 43
9	Data D2	Arduino digital output pin 41
10	Data D3	Arduino digital output pin 39
11	Data D4	Arduino digital output pin 37
12	Data D5	Arduino digital output pin 35
13	Data D6	Arduino digital output pin 33
14	Data D7	Arduino digital output pin 31
15	Backlight V_{cc} (5V)	背光(串接 330 R 電阻到電源)
16	Backlight Ground (0V)	背光(GND)

序	火燄感測器	Arduino 接腳
1	GND	Arduino GND
滾珠振	滾珠振動開關 A 端	Arduino +5V
	滾珠振動開關 B 端	4.7K 電阻 A 端
	滾珠振動開關 B 端	Arduino digital pin 12
4.7K 電阻	4.7K 電阻 A 端	滾珠振動開關 B 端
	4.7K 電阻 B 端	Arduino GND

接腳	接腳說明	接腳名稱
	4.7K 電阻 A 端	Arduino digital pin 12

接腳	喇叭	Arduino 接腳
1	Speaker -	Arduino GND
2	Speaker _	Arduino PWM pin 11

圖 125 滾珠振動開關線路圖

完成組裝後，我們打開 Arduino 開發板的開發工具：Sketch IDE 整合開發軟體，鍵入表 44 之滾珠振動開關程式。

表 44 滾珠振動開關程式

滾珠振動開關(ball_sensor)

```
#include "pitches.h"
#include <LiquidCrystal.h>
#define DPin 12
#define APin A0
int melodyPin=11;//設置控制蜂鳴器的數位 IO 腳
int melody[] = {
  NOTE_E7, NOTE_E7, 0, NOTE_E7,
  0, NOTE_C7, NOTE_E7, 0,
  NOTE_G7, 0, 0,   0,
  NOTE_G6, 0, 0, 0,

  NOTE_C7, 0, 0, NOTE_G6,
  0, 0, NOTE_E6, 0,
  0, NOTE_A6, 0, NOTE_B6,
  0, NOTE_AS6, NOTE_A6, 0,

  NOTE_G6, NOTE_E7, NOTE_G7,
  NOTE_A7, 0, NOTE_F7, NOTE_G7,
  0, NOTE_E7, 0,NOTE_C7,
  NOTE_D7, NOTE_B6, 0, 0,

  NOTE_C7, 0, 0, NOTE_G6,
  0, 0, NOTE_E6, 0,
  0, NOTE_A6, 0, NOTE_B6,
  0, NOTE_AS6, NOTE_A6, 0,

  NOTE_G6, NOTE_E7, NOTE_G7,
  NOTE_A7, 0, NOTE_F7, NOTE_G7,
  0, NOTE_E7, 0,NOTE_C7,
  NOTE_D7, NOTE_B6, 0, 0
};

//Mario main them tempo
int tempo[] = {
  12, 12, 12, 12,
```

```
    12, 12, 12, 12,
    12, 12, 12, 12,
    12, 12, 12, 12,

    12, 12, 12, 12,
    12, 12, 12, 12,
    12, 12, 12, 12,
    12, 12, 12, 12,

    9, 9, 9,
    12, 12, 12, 12,
    12, 12, 12, 12,
    12, 12, 12, 12,

    12, 12, 12, 12,
    12, 12, 12, 12,
    12, 12, 12, 12,
    12, 12, 12, 12,

    9, 9, 9,
    12, 12, 12, 12,
    12, 12, 12, 12,
    12, 12, 12, 12,
};


  int mariolen = sizeof(melody) / sizeof(int) ;
  LiquidCrystal lcd(8, 9, 10, 45, 43, 41,39,37,35,33,31);


void setup()
{
pinMode(melodyPin,OUTPUT);//設置數位 IO 腳模式，OUTPUT 為輸出
 pinMode(DPin,INPUT);//定義 digital 為輸入介面
 //pinMode(APin,INPUT);//定義為類比輸入介面


  Serial.begin(9600);//設定串列傳輸速率為 9600 }
```

```cpp
  // set up the LCD's number of columns and rows:
  lcd.begin(16, 2);
  // Print a message to the LCD.
  lcd.print("Guarding");
}
void loop() {
  int val ;
  // set the cursor to column 0, line 1
  // (note: line 1 is the second row, since counting begins with 0):
  lcd.setCursor(0, 1);
  lcd.print("                      ") ;

    val=digitalRead(DPin);//讀取 Light 感測器的模擬值
    Serial.println(val);//輸出模擬值，並將其列印出來

    if (val ==1)
    {
            lcd.setCursor(0, 1);
            lcd.print("SomeBody Coming");
            playMario() ;
    }
    else
    {
            lcd.setCursor(0, 1);
            lcd.print("Ready");
     }

  delay(200);
}


void playMario()
{
    int noteDuration ;
    for(int mariopos=0; mariopos <mariolen; mariopos++)
     {
            noteDuration = 1000/tempo[mariopos];
            tone(melodyPin, melody[mariopos],noteDuration);
            delay(noteDuration*1.3);
```

```
        }



}
```

滾珠振動開關程式 include 檔(pitches.h)

```
/**********************************************
 * Public Constants
 **********************************************/

#define NOTE_B0   31
#define NOTE_C1   33
#define NOTE_CS1 35
#define NOTE_D1   37
#define NOTE_DS1 39
#define NOTE_E1   41
#define NOTE_F1   44
#define NOTE_FS1 46
#define NOTE_G1   49
#define NOTE_GS1 52
#define NOTE_A1   55
#define NOTE_AS1 58
#define NOTE_B1   62
#define NOTE_C2   65
#define NOTE_CS2 69
#define NOTE_D2   73
#define NOTE_DS2 78
#define NOTE_E2   82
#define NOTE_F2   87
#define NOTE_FS2 93
#define NOTE_G2   98
#define NOTE_GS2 104
#define NOTE_A2   110
#define NOTE_AS2 117
#define NOTE_B2   123
#define NOTE_C3   131
#define NOTE_CS3 139
```

```
#define NOTE_D3    147
#define NOTE_DS3 156
#define NOTE_E3    165
#define NOTE_F3    175
#define NOTE_FS3 185
#define NOTE_G3    196
#define NOTE_GS3 208
#define NOTE_A3    220
#define NOTE_AS3 233
#define NOTE_B3    247
#define NOTE_C4    262
#define NOTE_CS4 277
#define NOTE_D4    294
#define NOTE_DS4 311
#define NOTE_E4    330
#define NOTE_F4    349
#define NOTE_FS4 370
#define NOTE_G4    392
#define NOTE_GS4 415
#define NOTE_A4    440
#define NOTE_AS4 466
#define NOTE_B4    494
#define NOTE_C5    523
#define NOTE_CS5 554
#define NOTE_D5    587
#define NOTE_DS5 622
#define NOTE_E5    659
#define NOTE_F5    698
#define NOTE_FS5 740
#define NOTE_G5    784
#define NOTE_GS5 831
#define NOTE_A5    880
#define NOTE_AS5 932
#define NOTE_B5    988
#define NOTE_C6    1047
#define NOTE_CS6 1109
#define NOTE_D6    1175
#define NOTE_DS6 1245
#define NOTE_E6    1319
```

```
#define NOTE_F6    1397
#define NOTE_FS6 1480
#define NOTE_G6    1568
#define NOTE_GS6 1661
#define NOTE_A6    1760
#define NOTE_AS6 1865
#define NOTE_B6    1976
#define NOTE_C7    2093
#define NOTE_CS7 2217
#define NOTE_D7    2349
#define NOTE_DS7 2489
#define NOTE_E7    2637
#define NOTE_F7    2794
#define NOTE_FS7 2960
#define NOTE_G7    3136
#define NOTE_GS7 3322
#define NOTE_A7    3520
#define NOTE_AS7 3729
#define NOTE_B7    3951
#define NOTE_C8    4186
#define NOTE_CS8 4435
#define NOTE_D8    4699
#define NOTE_DS8 4978
```

　　當然、如圖 122 所示，我們可以看到組立好的實驗圖，Arduino 開發板可以實現滾珠振動開關來當為防盜器，當有小偷或外人進入時，觸動滾珠振動開關，則 Arduino 開發板驅動揚聲器來唱歌告訴使用者有小偷或外人進入房間了。

圖 126 滾珠振動開關程式結果畫面

防盜開關：水銀感測器

居家最需要就是安全，所以如果能夠使用 Arduino 開發板來做一個防盜開關的實驗，那是再好也不過的事了，本實驗除了一塊 Arduino 開發板與 USB 下載線之外，我們加入水銀開關與限流電阻的元件。

如圖 127 所示，這個實驗我們需要用到的實驗硬體有圖 127.(a)的 Arduino Mega 2560、圖 127.(b) USB 下載線、圖 127.(c) 水銀開關、圖 127.(d) 4.7k 歐姆電阻來限流電阻、圖 127. (e).Led 燈。

(a).Arduino Mega 2560　　　(b). USB 下載線

(c).水銀開關   (d).4.7k歐姆電阻

(e).Led 燈泡

圖 127 防盜開關-水銀感測器所需材料表

我們遵照前幾章所述,將Arduino 開發板的驅動程式安裝好之後,

遵照表 45之電路圖進行組裝。

表 45 防盜開關-水銀感測器接腳表

接腳	接腳說明	接腳名稱
1	Ground (0V)	接地 (0V) Arduino GND
2	Supply voltage; 5V (4.7V – 5.3V)	電源 (+5V) Arduino +5V
3	Contrast adjustment; through a variable resistor	螢幕對比(0-5V), 可接一顆 1k 電阻,或使用可變電阻調整適當 的對比**(請參考圖 96 分壓線路)**
4	Selects command register when low; and data register when high	Arduino digital output pin 8
5	Low to write to the register; High to read from the register	Arduino digital output pin 9
6	Sends data to data pins when a high to low pulse is given	Arduino digital output pin 10
7	Data D0	Arduino digital output pin 45
8	Data D1	Arduino digital output pin 43
9	Data D2	Arduino digital output pin 41
10	Data D3	Arduino digital output pin 39
11	Data D4	Arduino digital output pin 37
12	Data D5	Arduino digital output pin 35

接腳	接腳說明	接腳名稱
13	Data D6	Arduino digital output pin 33
14	Data D7	Arduino digital output pin 31
15	Backlight V$_{cc}$ (5V)	背光(串接 330 R 電阻到電源)
16	Backlight Ground (0V)	背光(GND)

序		水銀開關	Arduino 接腳
1		GND	Arduino GND
光敏電阻		水銀開關 A 端	Arduino +5V
		水銀開關 B 端	4.7K 電阻 A 端
		水銀開關 B 端	Arduino digital pin 12
4.7K 電阻		4.7K 電阻 A 端	水銀開關 B 端
		4.7K 電阻 B 端	Arduino GND
		4.7K 電阻 A 端	Arduino digital pin 12

接腳	喇叭	Arduino 接腳
1	Led -	Arduino GND
2	Led +	Arduino digital pin 13

圖 128 防盜開關-水銀感測器接腳圖

完成組裝後，我們打開 Arduino 開發板的開發工具：Sketch IDE 整合開發軟體，鍵入表 42 之防盜開關-水銀感測器程式。

當有人進入時，因振動使水銀開關(水銀感測器)的水銀移動，而產生移動之後使開關接腳短路，導通開關，所以 Arduino 開發板的數位接腳讀取到高電位，進而驅動 Led 發光二極體發光，並在 LCD 1602 顯示：SomeBody coming。

表 46 防盜開關-水銀感測器程式

防盜開關-水銀感測器程式(Mercury_sensor)
#include <LiquidCrystal.h> #define DPin 12

```
#define LedPin 13
#define APin A0

 LiquidCrystal lcd(8, 9, 10, 45, 43, 41,39,37,35,33,31);


void setup()
{
pinMode(LedPin,OUTPUT);//設置數位 IO 腳模式，OUTPUT 為輸出
 pinMode(DPin,INPUT);//定義 digital 為輸入介面
 //pinMode(APin,INPUT);//定義為類比輸入介面


  Serial.begin(9600);//設定串列傳輸速率為 9600 }

 // set up the LCD's number of columns and rows:
 lcd.begin(16, 2);
 // Print a message to the LCD.
 lcd.print("Guarding");
}
void loop() {
 int val ;
 // set the cursor to column 0, line 1
 // (note: line 1 is the second row, since counting begins with 0):
 lcd.setCursor(0, 1);
 lcd.print("                   ") ;

   val=digitalRead(DPin);//讀取 Light 感測器的模擬值
   Serial.println(val);//輸出模擬值，並將其列印出來

   if (val ==1)
   {
          lcd.setCursor(0, 1);
         lcd.print("SomeBody Coming");
          digitalWrite(LedPin,HIGH)   ;
   }
   else
   {
          lcd.setCursor(0, 1);
```

```
        lcd.print("Ready");
        digitalWrite(LedPin,LOW)   ;
    }

  delay(200);
}
```

讀者也可以在作者 YouTube 頻道(https://www.youtube.com/user/UltimaBruce)中，在網址 https://www.youtube.com/watch?v=QzWHshD1dNc&feature=youtu.be ，看到本次實驗-防盜開關-水銀感測器程式執行情形。

當然、如圖 122 所示，我們可以看到組立好的實驗圖，Arduino 開發板可以實現防盜開關-水銀感測器程式，當有人進入時，會出現"SomeBody Coming"的訊息，並點亮 LED 發光二極體。

圖 129 防盜開關-水銀感測器程式結果畫面

防盜開關：磁簧開關

居家最需要就是安全，所以如果能夠使用 Arduino 開發板來做一個防盜開關的實驗，那是再好也不過的事了，本實驗除了一塊 Arduino 開發板與 USB 下載線之外，我們加入磁簧開關與限流電阻的元件。

　　磁簧開關乃是以磁簧管為主體的開關元件，如圖 131.(c)所示，兩具磁性簧片平行放置，尾部一小部分重疊形成一間隙，並完全密封於充滿惰性氣體之玻璃管內。當一磁場接近時，兩簧片感應為極性相反之磁性，而彼此相吸形成接點動作。磁簧管構造上因為沒有機械零件，所以不會有卡住的問題發生，且可高速精準作動達數百萬次。

　　如圖 130 所示，利用磁力來達成非接觸式驅動開關，非常適合應用於門窗開關的監測，所以本實驗使用磁簧開關-磁簧管來模擬圖 130 所示之門上之磁簧開關。

圖 130 磁簧開關裝置方式

資料來源：元智大學老人福祉科技研究中心(可攜式遠距健康監測系統應用於日常生活活動監測之研究)- 可攜式遠距健康監測系統應用於日常生活活動監測之研究(馬鴻祥, 2006)

　　如圖 131所示，這個實驗我們需要用到的實驗硬體有圖 131.(a)的

Arduino Mega 2560、圖 131.(b) USB 下載線、圖 131.(c) 磁簧開關、圖 131.(d)

4.7k歐姆電阻來限流電阻、圖 131. (e).Led 燈。

(a).Arduino Mega 2560

(b). USB 下載線

(c).磁簧開關

(d). 4.7k歐姆電阻

(e).Led 燈

圖 131 防盜開關-磁簧開關所需材料表

我們遵照前幾章所述，將 Arduino 開發板的驅動程式安裝好之後，

遵照表 47 之電路圖進行組裝。

表 47 防盜開關-磁簧開關接腳表

接腳	接腳說明	接腳名稱
1	Ground (0V)	接地 (0V) Arduino GND
2	Supply voltage; 5V (4.7V – 5.3V)	電源 (+5V) Arduino +5V
3	Contrast adjustment; through a variable resistor	螢幕對比(0-5V)，可接一顆 1k 電阻，或使用可變電阻調整適當的對比**(請參考圖 96 分壓線路)**
4	Selects command register when low; and data register when high	Arduino digital output pin 8

接腳	接腳說明	接腳名稱
5	Low to write to the register; High to read from the register	Arduino digital output pin 9
6	Sends data to data pins when a high to low pulse is given	Arduino digital output pin 10
7	Data D0	Arduino digital output pin 45
8	Data D1	Arduino digital output pin 43
9	Data D2	Arduino digital output pin 41
10	Data D3	Arduino digital output pin 39
11	Data D4	Arduino digital output pin 37
12	Data D5	Arduino digital output pin 35
13	Data D6	Arduino digital output pin 33
14	Data D7	Arduino digital output pin 31
15	Backlight V$_{cc}$ (5V)	背光(串接 330 R 電阻到電源)
16	Backlight Ground (0V)	背光(GND)

序	磁簧開關	Arduino 接腳
1	GND	Arduino GND
光敏電阻	磁簧開關 A 端	Arduino +5V
	磁簧開關 B 端	4.7K 電阻 A 端
	磁簧開關 B 端	Arduino digital pin 12
4.7K 電阻	4.7K 電阻 A 端	磁簧開關 B 端
	4.7K 電阻 B 端	Arduino GND
	4.7K 電阻 A 端	Arduino digital pin 12

接腳	喇叭	Arduino 接腳
1	Led -	Arduino GND

接腳	接腳說明	接腳名稱
2	Led +	Arduino digital pin 13

圖 132 防盜開關-磁簧開關接腳圖

完成組裝後，我們打開 Arduino 開發板的開發工具：Sketch IDE 整合開發軟體，鍵入表 42 之防盜開關-磁簧開關程式。

當有人進入時，因開門時使磁鐵移動之後，對磁簧開關產生磁力影響，而產生移動之後使開關接腳短路或開路，導通開關或關閉開關，所以 Arduino 開發板的數位接腳讀取到高電位，進而驅動 Led 發光二極體發光，並在 LCD 1602 顯示：

SomeBody coming。

表 48 防盜開關-磁簧開關程式

防盜開關-磁簧開關程式(Reed_sensor)

```
#include <LiquidCrystal.h>
#define DPin 12
#define LedPin 13
#define APin A0

 LiquidCrystal lcd(8, 9, 10, 45, 43, 41,39,37,35,33,31);


void setup()
{
pinMode(LedPin,OUTPUT);//設置數位 IO 腳模式，OUTPUT 為輸出
 pinMode(DPin,INPUT);//定義 digital 為輸入介面
 //pinMode(APin,INPUT);//定義為類比輸入介面


  Serial.begin(9600);//設定串列傳輸速率為 9600 }

 // set up the LCD's number of columns and rows:
  lcd.begin(16, 2);
  // Print a message to the LCD.
  lcd.print("Guarding");
}
void loop() {
  int val ;
  // set the cursor to column 0, line 1
  // (note: line 1 is the second row, since counting begins with 0):
  lcd.setCursor(0, 1);
  lcd.print("                     ") ;

  val=digitalRead(DPin);//讀取 Light 感測器的模擬值
   Serial.println(val);//輸出模擬值，並將其列印出來

   if (val ==1)
```

```
        {
                lcd.setCursor(0, 1);
                lcd.print("SomeBody Coming");
                digitalWrite(LedPin,HIGH)   ;
        }
        else
        {
                lcd.setCursor(0, 1);
                lcd.print("Ready");
                digitalWrite(LedPin,LOW)   ;
        }

    delay(200);
}
```

讀者也可以在作者 YouTube 頻道(https://www.youtube.com/user/UltimaBruce)中，在網址 https://www.youtube.com/watch?v=MkRf_-IJrc4&feature=youtu.be ，看到本次實驗-防盜開關-磁簧開關程式執行情形。

當然、如圖 122 所示，我們可以看到組立好的實驗圖，Arduino 開發板可以實現防盜開關-磁簧開關程式，當有人進入時，會出現"SomeBody Coming"的訊息，並點亮 LED 發光二極體。

圖 133 防盜開關-磁簧開關程式結果畫面

章節小結

本章主要介紹使用 Arduino 開發板連接更多的感測器，進而應用到更多的控制，而且可以來實作許多產品：如防盜系統、亮度控制…等等家居上使用的產品，相信讀者會越來越對 Arduino 開發板自制許多產品，會越有信心，且更有興去一同來加入 Maker 的大行列。

本書總結

作者對於 Arduino 相關的書籍，也出版許多書籍，感謝許多有心的讀者提供作者許多寶貴的意見與建議，作者群不勝感激，許多讀者希望作者可以推出更多的入門書籍給更多想要進入『Arduino』、『Maker』這個未來大趨勢，所有才有這個入門系列的產生。

本系列叢書的特色是一步一步教導大家使用更基礎的東西，來累積各位的基礎能力，讓大家能更在 Maker 自造者運動中，可以拔的頭籌，所以本系列是一個永不結束的系列，只要更多的東西被製造出來，相信作者會更衷心的希望與各位永遠在這條 Maker 路上與大家同行。

致謝

本書得以出版，特感謝艾思迪諾股份有限公司與蘇海永總經理大力支持本書寫作過程軟硬體的支援與協助，在此特感謝他對本書的熱心與貢獻。

授　　　權　　　書

本人艾思迪諾股份有限公司暨蘇海永先生(甲方)授權渥瑪數位有限公司暨曹永忠先生(乙方)，授權乙方從事著作與出版書籍：Arduino 程式教學(入門篇)、(進階篇)、(系統篇)、(嵌入式系統篇)，同意乙方無償使用甲方產品、商標、Logo、產品照片、原始程式、函數庫、使用說明書內容暨相關圖片。

乙方可以針對授權內容自由使用、修改、更版、出版書籍(不限媒體)、促銷、上架、處理申請國家圖書館電子書 ISBN 暨相關作業，乙方針對該著作與書籍擁有下列權利：通路上架、販賣、促銷、書籍相關網站之內容展示與使用，不需與甲方另定契約授權與約束。

甲方針對授權內容仍保有全部著作權，但對其乙方從事著作與出版書籍所使用之內容，其修正、更版、創新部分為乙方所有，甲方相對享有無償使用、修改、更版之權利。乙方從事著作與出版書籍內容之著作權與所有權歸屬乙方所有，不另外訂約制定之。

甲方：艾思迪諾股份有限公司/蘇海永（簽名或蓋章）電話：

甲方：統一編號/國民身分證：

甲方：地址：台中市北屯區旅建路一段 148 號

乙方：曹永忠（簽名或蓋章）電話：

乙方：國民身分證/統一編號：

乙方：地址：

中　華　民　國　106　年　11　月　20　日

作者介紹

曹永忠 (Yung-Chung Tsao)：目前為自由作家、台灣資訊傳播學會秘書長，專研於軟體工程、軟體開發與設計、物件導向程式設計，商品攝影及人像攝影。長期投入資訊系統設計與開發、企業應用系統開發、軟體工程、新產品開發管理、商品及人像攝影等領域，並持續發表作品及相關專業著作。

Email:prgbruce@gmail.com ，Line ID：dr.brucetsao

Arduino 部落格：http://taiwanarduino.blogspot.tw/

範例原始碼網址：https://github.com/arduino_Programming

臉書社群(Arduino.Taiwan)：https://www.facebook.com/groups/Arduino.Taiwan/

Arduino 活動官網：http://arduino.kktix.cc/

Youtube：https://www.youtube.com/channel/UCcYG2yY_u0m1aotcA4hrRgQ

許智誠 (Chih-Cheng Hsu)，美國加州大學洛杉磯分校(UCLA) 資訊工程系博士，曾任職於美國 IBM 等軟體公司多年，現任教於中央大學資訊管理學系專任副教授，主要研究為軟體工程、設計流程與自動化、數位教學、雲端裝置、多層式網頁系統、系統整合。

Email: khsu@mgt.ncu.edu.tw

蔡英德 (Yin-Te Tsai)，國立清華大學資訊科學系博士，目前是靜宜大學資訊傳播工程學系教授、台灣資訊傳播學會理事長、靜宜大學計算機及通訊中心主任，主要研究為演算法設計與分析、生物資訊、軟體開發。

Email:yttsai@pu.edu.tw

附錄

電阻色碼表

五環對照表

四五六環對照表

DallasTemperature 函式庫

本書 DS18B20 溫度感測模組使用的 DallasTemperature 函數庫，需要 DallasTemperature 函數庫，而 DallasTemperature 函數庫則需要 OneWire 函數庫，讀者可以在本書附錄中找到這些函式庫，也可以到作者 Github(https://github.com/brucetsao) 網站中，在本書原始碼目錄 https://github.com/brucetsao/libraries，下載到 DallasTemperature、OneWire 等函數庫。

DallasTemperature.cpp (DS18B20 溫度感測模組函式庫)

```
// This library is free software; you can redistribute it and/or
// modify it under the terms of the GNU Lesser General Public
// License as published by the Free Software Foundation; either
// version 2.1 of the License, or (at your option) any later version.

// Version 3.7.2 modified on Dec 6, 2011 to support Arduino 1.0
// See Includes...
// Modified by Jordan Hochenbaum

#include "DallasTemperature.h"

#if ARDUINO >= 100
    #include "Arduino.h"
#else
extern "C" {
    #include "WConstants.h"
}
#endif

DallasTemperature::DallasTemperature(OneWire* _oneWire)
  #if REQUIRESALARMS
  : _AlarmHandler(&defaultAlarmHandler)
  #endif
{
  _wire = _oneWire;
  devices = 0;
```

```cpp
        parasite = false;
        bitResolution = 9;
        waitForConversion = true;
        checkForConversion = true;
    }

    // initialise the bus
    void DallasTemperature::begin(void)
    {
        DeviceAddress deviceAddress;

        _wire->reset_search();
        devices = 0; // Reset the number of devices when we enumerate wire devices

        while (_wire->search(deviceAddress))
        {
            if (validAddress(deviceAddress))
            {
                if (!parasite && readPowerSupply(deviceAddress)) parasite = true;

                ScratchPad scratchPad;

                readScratchPad(deviceAddress, scratchPad);

                bitResolution = max(bitResolution, getResolution(deviceAddress));

                devices++;
            }
        }
    }

    // returns the number of devices found on the bus
    uint8_t DallasTemperature::getDeviceCount(void)
    {
        return devices;
    }

    // returns true if address is valid
```

```cpp
        bool DallasTemperature::validAddress(uint8_t* deviceAddress)
        {
            return (_wire->crc8(deviceAddress, 7) == deviceAddress[7]);
        }


        // finds an address at a given index on the bus
        // returns true if the device was found
        bool DallasTemperature::getAddress(uint8_t* deviceAddress, uint8_t index)
        {
            uint8_t depth = 0;

            _wire->reset_search();

            while (depth <= index && _wire->search(deviceAddress))
            {
                if (depth == index && validAddress(deviceAddress)) return true;
                depth++;
            }

            return false;
        }

        // attempt to determine if the device at the given address is connected to the bus
        bool DallasTemperature::isConnected(uint8_t* deviceAddress)
        {
            ScratchPad scratchPad;
            return isConnected(deviceAddress, scratchPad);
        }

        // attempt to determine if the device at the given address is connected to the bus
        // also allows for updating the read scratchpad
        bool DallasTemperature::isConnected(uint8_t* deviceAddress, uint8_t* scratch-
Pad)
        {
            readScratchPad(deviceAddress, scratchPad);
            return (_wire->crc8(scratchPad, 8) == scratchPad[SCRATCHPAD_CRC]);
        }
```

```cpp
      // read device's scratch pad
      void DallasTemperature::readScratchPad(uint8_t* deviceAddress, uint8_t*
scratchPad)
      {
          // send the command
          _wire->reset();
          _wire->select(deviceAddress);
          _wire->write(READSCRATCH);

          // TODO => collect all comments &   use simple loop
          // byte 0: temperature LSB
          // byte 1: temperature MSB
          // byte 2: high alarm temp
          // byte 3: low alarm temp
          // byte 4: DS18S20: store for crc
          //          DS18B20 & DS1822: configuration register
          // byte 5: internal use & crc
          // byte 6: DS18S20: COUNT_REMAIN
          //          DS18B20 & DS1822: store for crc
          // byte 7: DS18S20: COUNT_PER_C
          //          DS18B20 & DS1822: store for crc
          // byte 8: SCRATCHPAD_CRC
          //
          // for(int i=0; i<9; i++)
          // {
          //    scratchPad[i] = _wire->read();
          // }


          // read the response

          // byte 0: temperature LSB
          scratchPad[TEMP_LSB] = _wire->read();

          // byte 1: temperature MSB
          scratchPad[TEMP_MSB] = _wire->read();

          // byte 2: high alarm temp
```

DallasTemperature.cpp (DS18B20 溫度感測模組函式庫)

```cpp
        scratchPad[HIGH_ALARM_TEMP] = _wire->read();

    // byte 3: low alarm temp
        scratchPad[LOW_ALARM_TEMP] = _wire->read();

    // byte 4:
    // DS18S20: store for crc
    // DS18B20 & DS1822: configuration register
        scratchPad[CONFIGURATION] = _wire->read();

    // byte 5:
    // internal use & crc
        scratchPad[INTERNAL_BYTE] = _wire->read();

    // byte 6:
    // DS18S20: COUNT_REMAIN
    // DS18B20 & DS1822: store for crc
        scratchPad[COUNT_REMAIN] = _wire->read();

    // byte 7:
    // DS18S20: COUNT_PER_C
    // DS18B20 & DS1822: store for crc
        scratchPad[COUNT_PER_C] = _wire->read();

    // byte 8:
    // SCTRACHPAD_CRC
        scratchPad[SCRATCHPAD_CRC] = _wire->read();

        _wire->reset();
}

    // writes device's scratch pad
    void DallasTemperature::writeScratchPad(uint8_t* deviceAddress, const uint8_t* scratchPad)
    {
        _wire->reset();
        _wire->select(deviceAddress);
        _wire->write(WRITESCRATCH);
```

```
        _wire->write(scratchPad[HIGH_ALARM_TEMP]); // high alarm temp
        _wire->write(scratchPad[LOW_ALARM_TEMP]); // low alarm temp
        // DS18S20 does not use the configuration register
        if (deviceAddress[0] != DS18S20MODEL)
_wire->write(scratchPad[CONFIGURATION]); // configuration
        _wire->reset();
        // save the newly written values to eeprom
        _wire->write(COPYSCRATCH, parasite);
        if (parasite) delay(10); // 10ms delay
        _wire->reset();
}


    // reads the device's power requirements
    bool DallasTemperature::readPowerSupply(uint8_t* deviceAddress)
    {
        bool ret = false;
        _wire->reset();
        _wire->select(deviceAddress);
        _wire->write(READPOWERSUPPLY);
        if (_wire->read_bit() == 0) ret = true;
        _wire->reset();
        return ret;
    }


    // set resolution of all devices to 9, 10, 11, or 12 bits
    // if new resolution is out of range, it is constrained.
    void DallasTemperature::setResolution(uint8_t newResolution)
    {
        bitResolution = constrain(newResolution, 9, 12);
        DeviceAddress deviceAddress;
        for (int i=0; i<devices; i++)
        {
            getAddress(deviceAddress, i);
        setResolution(deviceAddress, bitResolution);
        }
    }
```

DallasTemperature.cpp (DS18B20 溫度感測模組函式庫)

```cpp
        // set resolution of a device to 9, 10, 11, or 12 bits
        // if new resolution is out of range, 9 bits is used.
        bool DallasTemperature::setResolution(uint8_t* deviceAddress, uint8_t newResolution)
    {
        ScratchPad scratchPad;
        if (isConnected(deviceAddress, scratchPad))
        {
            // DS18S20 has a fixed 9-bit resolution
            if (deviceAddress[0] != DS18S20MODEL)
            {
                switch (newResolution)
                {
                    case 12:
                        scratchPad[CONFIGURATION] = TEMP_12_BIT;
                        break;
                    case 11:
                        scratchPad[CONFIGURATION] = TEMP_11_BIT;
                        break;
                    case 10:
                        scratchPad[CONFIGURATION] = TEMP_10_BIT;
                        break;
                    case 9:
                    default:
                        scratchPad[CONFIGURATION] = TEMP_9_BIT;
                        break;
                }
                writeScratchPad(deviceAddress, scratchPad);
            }
            return true;   // new value set
        }
        return false;
    }


        // returns the global resolution
        uint8_t DallasTemperature::getResolution()
    {
        return bitResolution;
```

```
        }

        // returns the current resolution of the device, 9-12
        // returns 0 if device not found
        uint8_t DallasTemperature::getResolution(uint8_t* deviceAddress)
        {
            if (deviceAddress[0] == DS18S20MODEL) return 9; // this model has a fixed
resolution

            ScratchPad scratchPad;
            if (isConnected(deviceAddress, scratchPad))
            {
            switch (scratchPad[CONFIGURATION])
              {
                case TEMP_12_BIT:
                  return 12;

                case TEMP_11_BIT:
                  return 11;

                case TEMP_10_BIT:
                  return 10;

                case TEMP_9_BIT:
                  return 9;

              }
            }
            return 0;
        }


        // sets the value of the waitForConversion flag
        // TRUE : function requestTemperature() etc returns when conversion is ready
        // FALSE: function requestTemperature() etc returns immediately (USE WITH
CARE!!)
        //              (1) programmer has to check if the needed delay has passed
        //              (2) but the application can do meaningful things in that time
```

DallasTemperature.cpp (DS18B20 溫度感測模組函式庫)

```cpp
void DallasTemperature::setWaitForConversion(bool flag)
{
    waitForConversion = flag;
}


// gets the value of the waitForConversion flag
bool DallasTemperature::getWaitForConversion()
{
    return waitForConversion;
}



// sets the value of the checkForConversion flag
// TRUE : function requestTemperature() etc will 'listen' to an IC to determine
whether a conversion is complete
// FALSE: function requestTemperature() etc will wait a set time (worst case
scenario) for a conversion to complete
void DallasTemperature::setCheckForConversion(bool flag)
{
    checkForConversion = flag;
}


// gets the value of the waitForConversion flag
bool DallasTemperature::getCheckForConversion()
{
    return checkForConversion;
}


bool DallasTemperature::isConversionAvailable(uint8_t* deviceAddress)
{
    // Check if the clock has been raised indicating the conversion is complete
        ScratchPad scratchPad;
        readScratchPad(deviceAddress, scratchPad);
    return scratchPad[0];
}


// sends command for all devices on the bus to perform a temperature conversion
```

DallasTemperature.cpp (DS18B20 溫度感測模組函式庫)

```cpp
            void DallasTemperature::requestTemperatures()
            {
              _wire->reset();
              _wire->skip();
              _wire->write(STARTCONVO, parasite);

              // ASYNC mode?
              if (!waitForConversion) return;
              blockTillConversionComplete(&bitResolution, 0);

              return;
            }

            // sends command for one device to perform a temperature by address
            // returns FALSE if device is disconnected
            // returns TRUE   otherwise
            bool DallasTemperature::requestTemperaturesByAddress(uint8_t* deviceAd-
dress)
            {

              _wire->reset();
              _wire->select(deviceAddress);
              _wire->write(STARTCONVO, parasite);

                // check device
              ScratchPad scratchPad;
              if (!isConnected(deviceAddress, scratchPad)) return false;

              // ASYNC mode?
              if (!waitForConversion) return true;
              uint8_t bitResolution = getResolution(deviceAddress);
              blockTillConversionComplete(&bitResolution, deviceAddress);

              return true;
            }
```

DallasTemperature.cpp (DS18B20 溫度感測模組函式庫)

```cpp
    void DallasTemperature::blockTillConversionComplete(uint8_t* bitResolution,
uint8_t* deviceAddress)
    {
        if(deviceAddress != 0 && checkForConversion && !parasite)
        {
            // Continue to check if the IC has responded with a temperature
            // NB: Could cause issues with multiple devices (one device may respond
faster)
            unsigned long start = millis();
            while(!isConversionAvailable(0) && ((millis() - start) < 750));
        }

            // Wait a fix number of cycles till conversion is complete (based on IC
datasheet)
            switch (*bitResolution)
            {
            case 9:
                delay(94);
                break;
            case 10:
                delay(188);
                break;
            case 11:
                delay(375);
                break;
            case 12:
            default:
                delay(750);
                break;
            }

    }

    // sends command for one device to perform a temp conversion by index
    bool DallasTemperature::requestTemperaturesByIndex(uint8_t deviceIndex)
    {
        DeviceAddress deviceAddress;
        getAddress(deviceAddress, deviceIndex);
```

DallasTemperature.cpp (DS18B20 溫度感測模組函式庫)

```
            return requestTemperaturesByAddress(deviceAddress);
        }

        // Fetch temperature for device index
        float DallasTemperature::getTempCByIndex(uint8_t deviceIndex)
        {
            DeviceAddress deviceAddress;
            getAddress(deviceAddress, deviceIndex);
            return getTempC((uint8_t*)deviceAddress);
        }

        // Fetch temperature for device index
        float DallasTemperature::getTempFByIndex(uint8_t deviceIndex)
        {
            return toFahrenheit(getTempCByIndex(deviceIndex));
        }

        // reads scratchpad and returns the temperature in degrees C
        float DallasTemperature::calculateTemperature(uint8_t* deviceAddress, uint8_t*
scratchPad)
        {
            int16_t rawTemperature = (((int16_t)scratchPad[TEMP_MSB]) << 8) |
scratchPad[TEMP_LSB];

            switch (deviceAddress[0])
            {
                case DS18B20MODEL:
                case DS1822MODEL:
                    switch (scratchPad[CONFIGURATION])
                    {
                        case TEMP_12_BIT:
                            return (float)rawTemperature * 0.0625;
                            break;
                        case TEMP_11_BIT:
                            return (float)(rawTemperature >> 1) * 0.125;
                            break;
                        case TEMP_10_BIT:
                            return (float)(rawTemperature >> 2) * 0.25;
```

```cpp
                break;
            case TEMP_9_BIT:
                return (float)(rawTemperature >> 3) * 0.5;
                break;
            }
            break;
        case DS18S20MODEL:
            /*

            Resolutions greater than 9 bits can be calculated using the data from

            the temperature, COUNT REMAIN and COUNT PER �C registers in
```

(10h). After reading the scratchpad, the TEMP_READ value is obtained

```cpp
            extended resolution temperature can then be calculated using the
            following equation:

                                              COUNT_PER_C -
COUNT_REMAIN
            TEMPERATURE = TEMP_READ - 0.25 + --------------------------
                                              COUNT_PER_C
            */

            // Good spot. Thanks Nic Johns for your contribution
            return (float)(rawTemperature >> 1) - 0.25
+((float)(scratchPad[COUNT_PER_C] - scratchPad[COUNT_REMAIN]) /
(float)scratchPad[COUNT_PER_C] );
            break;
        }
    }

    // returns temperature in degrees C or DEVICE_DISCONNECTED if the
    // device's scratch pad cannot be read successfully.
    // the numeric value of DEVICE_DISCONNECTED is defined in
    // DallasTemperature.h. It is a large negative number outside the
    // operating range of the device
    float DallasTemperature::getTempC(uint8_t* deviceAddress)
```

```
    {
        // TODO: Multiple devices (up to 64) on the same bus may take
        //        some time to negotiate a response
        // What happens in case of collision?

        ScratchPad scratchPad;
        if (isConnected(deviceAddress, scratchPad)) return calculateTempera-
ture(deviceAddress, scratchPad);
        return DEVICE_DISCONNECTED;
    }

    // returns temperature in degrees F
    // TODO: - when getTempC returns DEVICE_DISCONNECTED
    //          -127 gets converted to -196.6 F
    float DallasTemperature::getTempF(uint8_t* deviceAddress)
    {
        return toFahrenheit(getTempC(deviceAddress));
    }

    // returns true if the bus requires parasite power
    bool DallasTemperature::isParasitePowerMode(void)
    {
        return parasite;
    }

    #if REQUIRESALARMS

    /*

    ALARMS:

    TH and TL Register Format

    BIT 7 BIT 6 BIT 5 BIT 4 BIT 3 BIT 2 BIT 1 BIT 0
      S    2^6   2^5   2^4   2^3   2^2   2^1   2^0

    Only bits 11 through 4 of the temperature register are used
    in the TH and TL comparison since TH and TL are 8-bit
```

registers. If the measured temperature is lower than or equal
to TL or higher than or equal to TH, an alarm condition exists
and an alarm flag is set inside the DS18B20. This flag is
updated after every temperature measurement; therefore, if the
alarm condition goes away, the flag will be turned off after
the next temperature conversion.

```cpp
*/

// sets the high alarm temperature for a device in degrees celsius
// accepts a float, but the alarm resolution will ignore anything
// after a decimal point.   valid range is -55C - 125C
void DallasTemperature::setHighAlarmTemp(uint8_t* deviceAddress, char cel-
sius)
{
   // make sure the alarm temperature is within the device's range
   if (celsius > 125) celsius = 125;
   else if (celsius < -55) celsius = -55;

   ScratchPad scratchPad;
   if (isConnected(deviceAddress, scratchPad))
   {
      scratchPad[HIGH_ALARM_TEMP] = (uint8_t)celsius;
      writeScratchPad(deviceAddress, scratchPad);
   }
}

// sets the low alarm temperature for a device in degreed celsius
// accepts a float, but the alarm resolution will ignore anything
// after a decimal point.   valid range is -55C - 125C
void DallasTemperature::setLowAlarmTemp(uint8_t* deviceAddress, char celsi-
us)
{
   // make sure the alarm temperature is within the device's range
   if (celsius > 125) celsius = 125;
   else if (celsius < -55) celsius = -55;

   ScratchPad scratchPad;
```

DallasTemperature.cpp (DS18B20 溫度感測模組函式庫)

```cpp
        if (isConnected(deviceAddress, scratchPad))
        {
            scratchPad[LOW_ALARM_TEMP] = (uint8_t)celsius;
            writeScratchPad(deviceAddress, scratchPad);
        }
    }


    // returns a char with the current high alarm temperature or
    // DEVICE_DISCONNECTED for an address
    char DallasTemperature::getHighAlarmTemp(uint8_t* deviceAddress)
    {
        ScratchPad scratchPad;
        if (isConnected(deviceAddress, scratchPad)) return
(char)scratchPad[HIGH_ALARM_TEMP];
        return DEVICE_DISCONNECTED;
    }


    // returns a char with the current low alarm temperature or
    // DEVICE_DISCONNECTED for an address
    char DallasTemperature::getLowAlarmTemp(uint8_t* deviceAddress)
    {
        ScratchPad scratchPad;
        if (isConnected(deviceAddress, scratchPad)) return
(char)scratchPad[LOW_ALARM_TEMP];
        return DEVICE_DISCONNECTED;
    }


    // resets internal variables used for the alarm search
    void DallasTemperature::resetAlarmSearch()
    {
        alarmSearchJunction = -1;
        alarmSearchExhausted = 0;
        for(uint8_t i = 0; i < 7; i++)
            alarmSearchAddress[i] = 0;
    }


    // This is a modified version of the OneWire::search method.
    //
```

```cpp
        // Also added the OneWire search fix documented here:
        // http://www.arduino.cc/cgi-bin/yabb2/YaBB.pl?num=1238032295
        //
        // Perform an alarm search. If this function returns a '1' then it has
        // enumerated the next device and you may retrieve the ROM from the
        // OneWire::address variable. If there are no devices, no further
        // devices, or something horrible happens in the middle of the
        // enumeration then a 0 is returned.   If a new device is found then
        // its address is copied to newAddr.   Use
        // DallasTemperature::resetAlarmSearch() to start over.
        bool DallasTemperature::alarmSearch(uint8_t* newAddr)
        {
            uint8_t i;
            char lastJunction = -1;
            uint8_t done = 1;

            if (alarmSearchExhausted) return false;
            if (!_wire->reset()) return false;

            // send the alarm search command
            _wire->write(0xEC, 0);

            for(i = 0; i < 64; i++)
            {
                uint8_t a = _wire->read_bit( );
                uint8_t nota = _wire->read_bit( );
                uint8_t ibyte = i / 8;
                uint8_t ibit = 1 << (i & 7);

                // I don't think this should happen, this means nothing responded, but maybe
if
                // something vanishes during the search it will come up.
                if (a && nota) return false;

                if (!a && !nota)
                {
                    if (i == alarmSearchJunction)
                    {
```

```
                    // this is our time to decide differently, we went zero last time, go one.
                    a = 1;
                    alarmSearchJunction = lastJunction;
                }
                else if (i < alarmSearchJunction)
                {
                    // take whatever we took last time, look in address
                    if (alarmSearchAddress[ibyte] & ibit) a = 1;
                    else
                    {
                        // Only 0s count as pending junctions, we've already exhasuted the 0
side of 1s

                        a = 0;
                        done = 0;
                        lastJunction = i;
                    }
                }
                else
                {
                    // we are blazing new tree, take the 0
                    a = 0;
                    alarmSearchJunction = i;
                    done = 0;
                }
                // OneWire search fix
                // See: http://www.arduino.cc/cgi-bin/yabb2/YaBB.pl?num=1238032295
            }

            if (a) alarmSearchAddress[ibyte] |= ibit;
            else alarmSearchAddress[ibyte] &= ~ibit;

            _wire->write_bit(a);
        }

        if (done) alarmSearchExhausted = 1;
        for (i = 0; i < 8; i++) newAddr[i] = alarmSearchAddress[i];
        return true;
    }
```

```cpp
    // returns true if device address has an alarm condition
    // TODO: can this be done with only TEMP_MSB REGISTER (faster)
    //          if ((char) scratchPad[TEMP_MSB] <= (char) scratch-
Pad[LOW_ALARM_TEMP]) return true;
    //          if ((char) scratchPad[TEMP_MSB] >= (char) scratch-
Pad[HIGH_ALARM_TEMP]) return true;
    bool DallasTemperature::hasAlarm(uint8_t* deviceAddress)
    {
      ScratchPad scratchPad;
      if (isConnected(deviceAddress, scratchPad))
      {
        float temp = calculateTemperature(deviceAddress, scratchPad);

        // check low alarm
        if ((char)temp <= (char)scratchPad[LOW_ALARM_TEMP]) return true;

        // check high alarm
        if ((char)temp >= (char)scratchPad[HIGH_ALARM_TEMP]) return true;
      }

      // no alarm
      return false;
    }

    // returns true if any device is reporting an alarm condition on the bus
    bool DallasTemperature::hasAlarm(void)
    {
      DeviceAddress deviceAddress;
      resetAlarmSearch();
      return alarmSearch(deviceAddress);
    }

    // runs the alarm handler for all devices returned by alarmSearch()
    void DallasTemperature::processAlarms(void)
    {
      resetAlarmSearch();
      DeviceAddress alarmAddr;
```

```cpp
    while (alarmSearch(alarmAddr))
    {
       if (validAddress(alarmAddr))
          _AlarmHandler(alarmAddr);
    }
}

// sets the alarm handler
void DallasTemperature::setAlarmHandler(AlarmHandler *handler)
{
    _AlarmHandler = handler;
}

// The default alarm handler
void DallasTemperature::defaultAlarmHandler(uint8_t* deviceAddress)
{
}

#endif

// Convert float celsius to fahrenheit
float DallasTemperature::toFahrenheit(float celsius)
{
    return (celsius * 1.8) + 32;
}

// Convert float fahrenheit to celsius
float DallasTemperature::toCelsius(float fahrenheit)
{
    return (fahrenheit - 32) / 1.8;
}

#if REQUIRESNEW

// MnetCS - Allocates memory for DallasTemperature. Allows us to instance a
new object
void* DallasTemperature::operator new(unsigned int size) // Implicit NSS obj
```

DallasTemperature.cpp (DS18B20 溫度感測模組函式庫)

```
size
        {
            void * p; // void pointer
            p = malloc(size); // Allocate memory
            memset((DallasTemperature*)p,0,size); // Initalise memory

            //!!! CANT EXPLICITLY CALL CONSTRUCTOR - workaround by using an
init() methodR - workaround by using an init() method
            return (DallasTemperature*) p; // Cast blank region to NSS pointer
        }


        // MnetCS 2009 -   Unallocates the memory used by this instance
        void DallasTemperature::operator delete(void* p)
        {
            DallasTemperature* pNss =   (DallasTemperature*) p; // Cast to NSS pointer
            pNss->~DallasTemperature(); // Destruct the object

            free(p); // Free the memory
        }


        #endif
```

DallasTemperature.h (DS18B20 溫度感測模組模組 include 檔)

```
#ifndef DallasTemperature_h
#define DallasTemperature_h

#define DALLASTEMPLIBVERSION "3.7.2"

// This library is free software; you can redistribute it and/or
// modify it under the terms of the GNU Lesser General Public
// License as published by the Free Software Foundation; either
// version 2.1 of the License, or (at your option) any later version.
```

DallasTemperature.h (DS18B20 溫度感測模組模組 include 檔)

```
// set to true to include code for new and delete operators
#ifndef REQUIRESNEW
#define REQUIRESNEW false
#endif

// set to true to include code implementing alarm search functions
#ifndef REQUIRESALARMS
#define REQUIRESALARMS true
#endif

#include <inttypes.h>
#include <OneWire.h>

// Model IDs
#define DS18S20MODEL 0x10
#define DS18B20MODEL 0x28
#define DS1822MODEL   0x22

// OneWire commands
#define STARTCONVO        0x44   // Tells device to take a temperature reading and
put it on the scratchpad
#define COPYSCRATCH       0x48   // Copy EEPROM
#define READSCRATCH       0xBE   // Read EEPROM
#define WRITESCRATCH      0x4E   // Write to EEPROM
#define RECALLSCRATCH     0xB8   // Reload from last known
#define READPOWERSUPPLY 0xB4   // Determine if device needs parasite power
#define ALARMSEARCH       0xEC   // Query bus for devices with an alarm condi-
tion

// Scratchpad locations
#define TEMP_LSB          0
#define TEMP_MSB          1
#define HIGH_ALARM_TEMP 2
#define LOW_ALARM_TEMP   3
#define CONFIGURATION     4
#define INTERNAL_BYTE     5
#define COUNT_REMAIN      6
#define COUNT_PER_C       7
```

DallasTemperature.h (DS18B20 溫度感測模組模組 include 檔)

```
#define SCRATCHPAD_CRC    8

// Device resolution
#define TEMP_9_BIT   0x1F //   9 bit
#define TEMP_10_BIT 0x3F // 10 bit
#define TEMP_11_BIT 0x5F // 11 bit
#define TEMP_12_BIT 0x7F // 12 bit

// Error Codes
#define DEVICE_DISCONNECTED -127

typedef uint8_t DeviceAddress[8];

class DallasTemperature
{
   public:

   DallasTemperature(OneWire*);

   // initalise bus
   void begin(void);

   // returns the number of devices found on the bus
   uint8_t getDeviceCount(void);

   // Is a conversion complete on the wire?
   bool isConversionComplete(void);

   // returns true if address is valid
   bool validAddress(uint8_t*);

   // finds an address at a given index on the bus
   bool getAddress(uint8_t*, const uint8_t);

   // attempt to determine if the device at the given address is connected to the bus
   bool isConnected(uint8_t*);

   // attempt to determine if the device at the given address is connected to the bus
```

```
// also allows for updating the read scratchpad
bool isConnected(uint8_t*, uint8_t*);

// read device's scratchpad
void readScratchPad(uint8_t*, uint8_t*);

// write device's scratchpad
void writeScratchPad(uint8_t*, const uint8_t*);

// read device's power requirements
bool readPowerSupply(uint8_t*);

// get global resolution
uint8_t getResolution();

// set global resolution to 9, 10, 11, or 12 bits
void setResolution(uint8_t);

// returns the device resolution, 9-12
uint8_t getResolution(uint8_t*);

// set resolution of a device to 9, 10, 11, or 12 bits
bool setResolution(uint8_t*, uint8_t);

// sets/gets the waitForConversion flag
void setWaitForConversion(bool);
bool getWaitForConversion(void);

// sets/gets the checkForConversion flag
void setCheckForConversion(bool);
bool getCheckForConversion(void);

// sends command for all devices on the bus to perform a temperature conversion
void requestTemperatures(void);

// sends command for one device to perform a temperature conversion by address
bool requestTemperaturesByAddress(uint8_t*);
```

DallasTemperature.h (DS18B20 溫度感測模組模組 include 檔)

```
// sends command for one device to perform a temperature conversion by index
bool requestTemperaturesByIndex(uint8_t);

// returns temperature in degrees C
float getTempC(uint8_t*);

// returns temperature in degrees F
float getTempF(uint8_t*);

// Get temperature for device index (slow)
float getTempCByIndex(uint8_t);

// Get temperature for device index (slow)
float getTempFByIndex(uint8_t);

// returns true if the bus requires parasite power
bool isParasitePowerMode(void);


bool isConversionAvailable(uint8_t*);

#if REQUIRESALARMS

typedef void AlarmHandler(uint8_t*);

// sets the high alarm temperature for a device
// accepts a char.   valid range is -55C - 125C
void setHighAlarmTemp(uint8_t*, const char);

// sets the low alarm temperature for a device
// accepts a char.   valid range is -55C - 125C
void setLowAlarmTemp(uint8_t*, const char);

// returns a signed char with the current high alarm temperature for a device
// in the range -55C - 125C
char getHighAlarmTemp(uint8_t*);

// returns a signed char with the current low alarm temperature for a device
// in the range -55C - 125C
```

```
char getLowAlarmTemp(uint8_t*);

// resets internal variables used for the alarm search
void resetAlarmSearch(void);

// search the wire for devices with active alarms
bool alarmSearch(uint8_t*);

// returns true if ia specific device has an alarm
bool hasAlarm(uint8_t*);

// returns true if any device is reporting an alarm on the bus
bool hasAlarm(void);

// runs the alarm handler for all devices returned by alarmSearch()
void processAlarms(void);

// sets the alarm handler
void setAlarmHandler(AlarmHandler *);

// The default alarm handler
static void defaultAlarmHandler(uint8_t*);

#endif

// convert from celcius to farenheit
static float toFahrenheit(const float);

// convert from farenheit to celsius
static float toCelsius(const float);

#if REQUIRESNEW

// initalize memory area
void* operator new (unsigned int);

// delete memory reference
void operator delete(void*);
```

```
#endif

private:
typedef uint8_t ScratchPad[9];

// parasite power on or off
bool parasite;

// used to determine the delay amount needed to allow for the
// temperature conversion to take place
uint8_t bitResolution;

// used to requestTemperature with or without delay
bool waitForConversion;

// used to requestTemperature to dynamically check if a conversion is complete
bool checkForConversion;

// count of devices on the bus
uint8_t devices;

// Take a pointer to one wire instance
OneWire* _wire;

// reads scratchpad and returns the temperature in degrees C
float calculateTemperature(uint8_t*, uint8_t*);

void    blockTillConversionComplete(uint8_t*,uint8_t*);

#if REQUIRESALARMS

// required for alarmSearch
uint8_t alarmSearchAddress[8];
char alarmSearchJunction;
uint8_t alarmSearchExhausted;

// the alarm handler function pointer
```

DallasTemperature.h (DS18B20 溫度感測模組模組 include 檔)

```
  AlarmHandler *_AlarmHandler;

  #endif

};
#endif
```

資料來源：https://github.com/brucetsao/libraries

繼電器原廠資料

SONGLE RELAY

松乐继电器 SONGLE RELAY	RELAY ISO9002	**SRS/SRSZ**

1. MAIN FEATURES
- Subminiature Type.
- Silver or Silver Alloy Contacts with Gold Plated.
- Low Dissipation.
- Sealed Type Available.
- Design conforms to foreign safety standard UL,CUL,TUV

2. APPLICATIONS
- Microprocessor Control, Store Program Exchanger and Household Appliance.

3. ORDERING INFORMATION

SRS/SRSZ	XX VDC	S	L	
Model of relay	Nominal coil voltage	Structure	Coil sensitivity	
SRS/SRSZ	03、05、06、09、12、24VDC	S: Sealed type	H: 0.20W	
			L: 0.36W	
		F: Flux free type	D: 0.45W	

4. RATING

UL /CUL	FILE NUMBER: E167996	1A/120VAC 24VDC
TUV	FILE NUMBER: R9933789	1A/240VAC 24VDC
3A/120VAC 24VDC		

5. DIMENSION(unit:mm)   DRILLING(unit:mm)   WIRING DIAGRAM

1

資料來源：(Ningbo_songle_relay_corp._ltd., 2013)

6. COIL DATA CHART (AT20°C)

Coil Sensitivity	Coil Voltage Code	Nominal Voltage (VDC)	Nominal Current (mA)	Coil Resistance (Ω) ±10%	Power Consumption (W)	Pull-In Voltage (VDC)	Drop-Out Voltage (VDC)	Max-Allowable Voltage (VDC)
SRS(Z) (High Sensitivity)	03	03	66.7	45	abt. 0.2 W	75% Max.	5% Min.	110%
	05	05	40	125				
	06	06	33.3	180				
	09	09	22.2	405				
	12	12	16.7	720				
	24	24	8.3	2880				
SRS(Z) (Standard)	03	03	120	25	abt. 0.36W	75% Max.	5% Min.	110%
	05	05	66.7	75				
	06	06	60	100				
	09	09	40.9	220				
	12	12	30	400				
	24	24	15	1600				
SRS(Z) (Normal Sensitivity)	03	03	150	20	abt. 0.45W	75% Max.	5% Min.	110%
	05	05	89.3	56				
	06	06	75	80				
	09	09	50	180				
	12	12	37.5	320				
	24	24	18.75	1280				

7. CONTACT RATING

Item \ Type	SRS/SRSZ 1 Amp type	SRS/SRSZ 1 Amp type
Contact Capacity ResistiveLoad(cosΦ=1)	Coil=0.2W 1A 125VAC 1A 30VDC	Coil=0.2W 1A 240VAC 1A 30VDC
InductiveLoad (cosΦ=0.4 L/R=7msec)	0.3A 125VAC 0.3A 30VDC	0.3A 240VAC 0.3A 30VDC
Rated Carrying Current	1 A	1 A
Contact Material	Ag Alloy	Ag Alloy

8. PERFORMANCE (at initial value)

Item \ Type	SRS/SRSZ
Contact Resistance	100mΩ Max.
Operation Time	10msec Max.
Release Time	5msec Max.
Dielectric Strength	
Between coil & contact	500VAC 50/60HZ (1 minute)
Between contacts	500VAC 50/60HZ (1 minute)
Insulation Resistance	100 MΩ Min. (500VDC)
Max. ON/OFF Switching	
Mechanically	300 operation/min
Electrically	30 operation/min
Operating Ambient Temperature	-25°C to +70°C
Operating Humidity	45 to 85% RH
Vibration Endurance	10 to 55HZ Single Amplitude 0.35mm
Error Operation	10 to 55HZ Single Amplitude 0.35mm
Shock Endurance	50G Min.
Error Operation	10G Min.
Life Expectancy Mechanically	10^7 operations. Min. (no load)
Electrically	10^5 operations. Min. (at rated coil voltage)
Weight	abt. 4grs.

9. REFERENCE DATA

Coil Temperature Rise

Operation Time

Life Expectancy

2

四通道繼電器模組線路圖

LCD 1602 函數用法

為了更能了解 LCD 1602 的用法，本節詳細介紹了 LiquidCrystal 函式主要的用法：

LiquidCrystal(rs, enable, d0, d1, d2, d3, d4, d5, d6, d7)

1. 指令格式 LiquidCrystal lcd 物件名稱(使用參數)

2. 使用參數個格式如下：

    LiquidCrystal(rs, enable, d4, d5, d6, d7)

    LiquidCrystal(rs, enable, d0, d1, d2, d3,d4, d5, d6, d7)

    LiquidCrystal(rs, rw, enable, d4, d5, d6, d7)

    LiquidCrystal(rs, rw, enable, d0, d1, d2, d3, d4, d5, d6, d7)

LiquidCrystal.begin(16, 2)

1. 規劃 lcd 畫面大小(行寬，列寬)

2. 指令範例：

    LiquidCrystal.begin(16, 2)

    解釋：將目前 lcd 畫面大小，設成二列 16 行

LiquidCrystal.setCursor(0, 1)

1. LiquidCrystal.setCursor(行位置,列位置)，行位置從 0 開始,列位置從 0 開始(Arduino 第一都是從零開始)

2. 指令範例：

    LiquidCrystal.setCursor(0, 1)

    解釋：將目前游標跳到第一列第一行，為兩列，每列有 16 個字元(Arduino 第一都是從零開始)

LiquidCrystal.print()

1. LiquidCrystal.print (資料)，資料可以為 char, byte, int, long, or string

2. 指令範例：

lcd.print("hello, world!");

解釋：將目前游標位置印出『hello, world!』

LiquidCrystal.autoscroll()

1. 將目前 lcd 列印資料形態，設成可以捲軸螢幕

2. 指令範例：

lcd.autoscroll();

解釋：如使用 lcd.print(thisChar); ，會將字元輸出到目前行列的位置，每輸出一個字元，行位置則加一，到第 16 字元時，若仍繼續輸出，則原有的列內的資料自動依 LiquidCrystal - Text Direction 的設定進行捲動，讓 print() 的命令繼續印出下個字元

LiquidCrystal.noAutoscroll()

1. 將目前 lcd 列印資料形態，設成不可以捲軸螢幕

2. 指令範例：

lcd.noAutoscroll();

解釋：如使用 lcd.print(thisChar); ，會將字元輸出到目前行列的位置，每輸出一個字元，行位置則加一，到第 16 字元時，若仍繼續輸出，讓 print() 的因繼續印出下個字元到下一個位置，但位置已經超越 16 行，所以輸出字元看不見。

LiquidCrystal.blink()

1. 將目前 lcd 游標設成閃爍

2. 指令範例：

lcd.blink();

解釋：將目前 lcd 游標設成閃爍

LiquidCrystal.noBlink()

1. 將目前 lcd 游標設成不閃爍

2. 指令範例：

lcd.noBlink ();

解釋：將目前 lcd 游標設成不閃爍

LiquidCrystal.cursor()

1. 將目前 lcd 游標設成底線狀態

2. 指令範例：

lcd.cursor();

解釋：將目前 lcd 游標設成底線狀態

LiquidCrystal.clear()

1. 將目前 lcd 畫面清除，並將游標位置回到左上角

2. 指令範例：

lcd.clear();

解釋：將目前 lcd 畫面清除，並將游標位置回到左上角

LiquidCrystal.home()

1. 將目前 lcd 游標位置回到左上角

2. 指令範例：

lcd.home();

解釋：將目前 lcd 游標位置回到左上角

DallasTemperature 函數用法

Arduino 開發版驅動 DS18B20 溫度感測模組，需要 DallasTemperature 函數庫，而 DallasTemperature 函數庫則需要 OneWire 函數庫，讀者可以在本書附錄中找到這些函市庫，也可以到作者 Github(https://github.com/brucetsao)網站中，在本書原始碼目錄 https://github.com/brucetsao/libraries，下載到 DallasTemperature、OneWire 等函數庫。

下列簡單介紹 DallasTemperature 函式庫內各個函式市的解釋與用法：

- uint8_t getDeviceCount(void)，回傳 1-Wire 匯流排上有多少個裝置。
- typedef uint8_t DeviceAddress[8]，裝置的位址。
- bool getAddress(uint8_t*, const uint8_t)，回傳某個裝置的位址。
- uint8_t getResolution(uint8_t*)，取得某裝置的溫度解析度（9~12 bits，分別對應 0.5℃、0.25℃、0.125℃、0.0625℃），參數為位址。
- bool setResolution(uint8_t*, uint8_t)，設定某裝置的溫度解析度。
- bool requestTemperaturesByAddress(uint8_t*)，命令某感測器進行溫度轉換，參數為位址。
- bool requestTemperaturesByIndex(uint8_t)，同上，參數為索引值。
- float getTempC(uint8_t*)，取得溫度讀數，參數為位址。
- float getTempCByIndex(uint8_t)，取得溫度讀數，參數為索引值。
- 另有兩個靜態成員函式可作攝氏華氏轉換。
    - static float toFahrenheit(const float)
    - static float toCelsius(const float)

參考文獻

Anderson, Rick, & Cervo, Dan. (2013). *Pro Arduino*: Apress.

Arduino. (2013). Arduino official website.　Retrieved 2013.7.3, 2013, from http://www.arduino.cc/

Atmel_Corporation. (2013). Atmel Corporation Website.　Retrieved 2013.6.17, 2013, from http://www.atmel.com/

Banzi, Massimo. (2009). *Getting Started with arduino*: Make.

Boxall, John. (2013). *Arduino Workshop: A Hands-on Introduction With 65 Projects*: No Starch Press.

Creative_Commons. (2013). Creative Commons.　Retrieved 2013.7.3, 2013, from http://en.wikipedia.org/wiki/Creative_Commons

Faludi, Robert. (2010). *Building wireless sensor networks: with ZigBee, XBee, arduino, and processing*: O'reilly.

Fritzing.org. (2013). Fritzing.org.　Retrieved 2013.7.22, 2013, from http://fritzing.org/

Guangzhou_Tinsharp_Industrial_Corp._Ltd. (2013). TC1602A　DataSheet. Retrieved 2013.7.7, 2013, from http://www.tinsharp.com/

Margolis, Michael. (2011). *Arduino cookbook*: O'Reilly Media.

Margolis, Michael. (2012). *Make an Arduino-controlled robot*: O'Reilly.

McRoberts, Michael. (2010). *Beginning Arduino*: Apress.

Minns, Peter D. (2013). *C Programming For the PC the MAC and the Arduino Microcontroller System*: AuthorHouse.

Monk, Simon. (2010). 30 Arduino Projects for the Evil Genius, 2/e.

Monk, Simon. (2012). *Programming Arduino: Getting Started with Sketches*: McGraw-Hill.

Ningbo_songle_relay_corp._ltd. (2013). SRS Relay.　Retrieved 2013.7.22, 2013, from http://www.songle.com/en/

Oxer, Jonathan, & Blemings, Hugh. (2009). *Practical Arduino: cool projects for open source hardware*: Apress.

Reas, Ben Fry and Casey. (2013). Processing.　Retrieved 2013.6.17, 2013, from http://www.processing.org/

Reas, Casey, & Fry, Ben. (2007). *Processing: a programming handbook for visual designers and artists* (Vol. 6812): Mit Press.

Reas, Casey, & Fry, Ben. (2010). *Getting Started with Processing*: Make.

Warren, John-David, Adams, Josh, & Molle, Harald. (2011). *Arduino for Robotics*: Springer.

Wilcher, Don. (2012). *Learn electronics with Arduino*. Apress.

馬鴻祥. (2006). 可攜式遠距健康監測系統應用於日常生活活動監測之研究. *元智大學機械工程學系學位論文*, 1-104.

曹永忠, 許智誠, & 蔡英德. (2014a). *Arduino EM-RFID 门禁管制机设计:Using Arduino to Develop an Entry Access Control Device with EM-RFID Tags*. 台湾、彰化: 渥瑪數位有限公司.

曹永忠, 許智誠, & 蔡英德. (2014b). *Arduino EM-RFID 門禁管制機設計:The Design of an Entry Access Control Device based on EM-RFID Card* (初版 ed.). 台湾、彰化: 渥瑪數位有限公司.

曹永忠, 許智誠, & 蔡英德. (2014c). *Arduino RFID 门禁管制机设计: Using Arduino to Develop an Entry Access Control Device with RFID Tags*. 台湾、彰化: 渥瑪數位有限公司.

曹永忠, 許智誠, & 蔡英德. (2014d). *Arduino RFID 門禁管制機設計: The Design of an Entry Access Control Device based on RFID Technology* (初版 ed.). 台湾、彰化: 渥瑪數位有限公司.

曹永忠, 許智誠, & 蔡英德. (2014e). *Arduino 互動跳舞兔設計: The Interaction Design of a Dancing Rabbit by Arduino Technology* (初版 ed.). 台湾、彰化: 渥瑪數位有限公司.

曹永忠, 許智诚, & 蔡英德. (2014). *Arduino 互动跳舞兔设计: Using Arduino to Develop a Dancing Rabbit with An Android Apps*. 台湾、彰化: 渥瑪數位有限公司.

Arduino 程式教學 (入門篇)
Arduino Programming (Basic Skills & Tricks)

作　　者：曹永忠、許智誠、蔡英德

發 行 人：黃振庭

出 版 者：崧燁文化事業有限公司

發 行 者：崧燁文化事業有限公司

E-mail：sonbookservice@gmail.com

粉 絲 頁：https://www.facebook.com/
　　　　　sonbookss/

網　　址：https://sonbook.net/

地　　址：台北市中正區重慶南路一段六十一號八
　　　　　樓 815 室

Rm. 815, 8F., No.61, Sec. 1, Chongqing S. Rd.,
Zhongzheng Dist., Taipei City 100, Taiwan

電　　話：(02) 2370-3310

傳　　真：(02) 2388-1990

印　　刷：京峯彩色印刷有限公司 (京峰數位)

律師顧問：廣華律師事務所 張珮琦律師

定　　價：490 元

發行日期：2022 年 03 月第一版

◎本書以 POD 印製

國家圖書館出版品預行編目資料

Arduino 程式教學．入門篇 =
Arduino programming(basic
skills & tricks) / 曹永忠，許智誠，
蔡英德著．-- 第一版．-- 臺北市：
崧燁文化事業有限公司，2022.03
　　面；　公分
POD 版
ISBN 978-626-332-075-8(平裝)
1.CST: 微電腦 2.CST: 電腦程式語
言
471.516　111001389

官網

臉書